# 茶之精神

〔美〕弗兰克·哈德利·墨菲（Frank Hadley Murphy） 著
高彩霞 译

山东画报出版社

**图书在版编目（CIP）数据**

茶之精神 /（美）弗兰克·哈德利·墨菲著；高彩霞译. —济南：山东画报出版社，2017.6
ISBN 978-7-5474-1604-4

Ⅰ.①茶… Ⅱ.①弗… ②高… Ⅲ.①茶叶—文化—研究 Ⅳ.①TS971

中国版本图书馆CIP数据核字（2015）第187552号



**责任编辑** 王硕鹏
**装帧设计** 王 芳
**主管部门** 山东出版传媒股份有限公司
**出版发行** 山东画报出版社
社 址 济南市经九路胜利大街39号 邮编 250001
电 话 总编室（0531）82098470
市场部（0531）82098479 82098476（传真）
网 址 http://www.hbcbs.com.cn
电子信箱 hbcb@sdpress.com.cn
**印 刷** 山东临沂新华印刷物流集团
**规 格** 140毫米×203毫米
10.75印张 46幅图 160千字
**版 次** 2017年6月第1版
**印 次** 2017年6月第1次印刷
**印 数** 1—4000
**定 价** 35.00元

如有印装质量问题，请与出版社总编室联系调换。
建议图书分类：茶 饮品 头脑和精神

# 目　录

# 写在前面的话

大约十三年前，我结识了弗兰克·墨菲。当时他正对一种茶颇感兴趣，有心购买，于是和我一起探讨。而后类似的探讨越发多了，竟然持续了十三年。必须承认的是，这些年来，弗兰克待我一直真心实意，他对我表现出极大的忠诚与尊敬甚至令我觉得有些受之有愧。

最近，当弗兰克提出要我为他的书作序的时候，我不禁哑然失语。我出生在香港，幼年时香港还在英国的管辖之下。尽管如此，对很多当地人来说，英语并不是他们的第一语言。小时候，我大概是全校最差的学生了

（至少我的老师们都如此认为），我就是痛恨学校还有数不清的纪律规范。每天清晨，我早早走出家门，深知前方的目的地迎接我的正是数个小时的煎熬折磨。但是当路过一些散工身边时，我还是能找到短暂的快乐。那里有些人会在等候招用时，在简陋搭建起的小桌子上冲泡工夫茶。这些人在如此艰难的环境下还能协同合作，共饮品茗，任由因缘和茶道将他们紧密联结在一起。彼时还是孩子的我，就对此非常着迷。我总会坐在地上（当然之后会受到惩罚，因为老师觉得我穿着脏裤子就来上学了），要么就蹲在这些人旁边观看。偶尔还有人会递给我一只小小的宜兴茶杯，我会浅酌一口。那茶苦涩浓重，但在我的小脑袋里从不曾想象，我与茶的关系之后会有怎样的改变。

四十五年后，如今我已是旧金山裕隆茶庄的老板。很多人被我们这个小公司所进行的事业深深地吸引，他们尊重茶的传统，并且学会了以茶会友。从十三年前我开始做此尝试至今，我们已经开了三家分店，如今已被誉为中国传统茶艺事业在美国的领导者。回首看看过往那个坐在肮脏走道上期盼着喝上一口茶的小男孩，感念我走来的这一路原来如此之长。

和弗兰克的友谊亦是颇有渊源。他一直视我为老师，而我更倾向于把自己当成信使。我为弗兰克带来一束火花，可能改变他一生，一如很久以前在香港的那些人改变了我的人生。我与弗兰克畅所欲言，或关家庭琐事，或关事业难题，我们共担风雨。弗兰克听我倾诉，还时常会提出不错的建议，不仅如此他还从不忘记鼓舞我，殊不知这样的鼓励对我的意义多么重大。

本书中，弗兰克·墨菲对茶的理解虽不同于我，却也达到了新的境界，受到他自身生活的启发，弗兰克洞悉了茶的神奇力量，还有未知和超自然事物。基于这点，尽管我是一个虔诚的教徒，我还是要承认，弗兰克·墨菲远胜于我，而事实上，他才是我的老师。

罗伊·冯

于加利福尼亚，旧金山

# 导 论

在大多数美国人的认知和经验中，茶是从英国传来的——添加了“牛奶和糖”的红茶，盛放在瓷器中，有一两个仆人侍奉在左右。好像关于茶的一切，英国最有发言权。至少我这个马萨诸塞人曾经就是这么认为的。

我对喝茶最早的记忆是和我的母亲一起。某个夏日傍晚，我们会坐在餐桌上，边用晚餐边饮茶。通常她会佐以柠檬片和糖以维持茶的原色，那种原色仿佛可以使我看到秋季，看到金子。

母亲去世后，一位主张采用顺势疗法的内科医生推荐我使用一种药剂：金属金。据说对那些刚刚经历过巨大损失或者丧亲之痛的人来说，这是一剂良方。这种药剂还被视作“顺势疗法之光”，因为它为那些迷失的人们带去光芒与温暖。我也从此治疗中获益，但更能安慰我的却是茶，用我母亲的瓷器泡制的，加了柠檬和糖的茶。

二百多年前，在距离我们饮茶之处大约十英里（约合 16 千米）的地方，一条狭窄脏乱的街上，住着一位叫作尤妮丝·希尔曼的母亲。她是位年长多病的寡妇，却因为极度渴望喝壶茶而声名狼藉，她对茶的狂热来得不合时宜，因为她所在的这个尚且年轻的国度当时刚刚颁布了禁茶令。所以某天，她请求她的侄子——一条名叫“汉娜博”号捕鲸船的船长——罗伯特·希尔曼，在下次航行的时候给她带回一箱上好的中国茶叶。1774 年，希尔曼船长起航前往英国。当他回城后，爱国的当地政要们得知他从英国走私货物回国，他们便搜查尤妮丝的住所，多次未果。因为那些茶叶都在她的粮仓里。事件平息之后，尤妮丝请她的朋友来家里开起了茶话会。时至今日，在马萨诸塞州的玛莎葡萄园岛上，尤妮丝所住的那条街道，被人们称为“茶巷”。

尤妮丝当时所需的是中国茶，在波士顿港被倾倒的也正是中国茶叶。可伴随我长大的并不是中国茶，而是像诸如狄得利、川宁、萨拉达之类的。我第一次喝中国茶是在1993年12月31日，那一天，我独自一人，百无聊赖，所以索性泡点茶。我有六小罐茶叶，每罐容量为一盎司（约28克），都是我的妻子从她的旧金山同乡那里买来的。这是一些中国茶叶的小样，我决意就尝一尝名字听起来最有异国风味的那一罐，它的名字是“普洱”。

我拿了一只茶杯，把松散的茶叶均匀地放进滤茶球里，烧开水。我清楚地记得，当时我就站在厨房的水槽边，静候茶叶冲泡。我拿起杯子送到嘴边，浅酌一口。那味道不同于以往我所品过的任何一种茶，我强烈地意识到我的体内产生了某种不曾有过的变化，不仅仅是茶的味道不同寻常，重点是它作用于我的体内。我意识到，我的身体，我的心灵，我的灵魂都在经受洗礼。我走到厨房另一头的桌子旁坐下，就那样坐着，任凭这茶冲刷洗涤。

我开始循着它在我体内流动的轨迹，因为我不想错过一丝一毫的变化。感受着这股流动着的温热从我的嘴进入我的腹，又从我的腹中延展至我的骨盆。之后，它升腾至我的心中，而后进入我的大脑，这感觉，用句中国话来形容——“眼前一亮”。然而，最让我注意的是它的平和与安定，这种茶使我感到安详和淡定，令我折服。我想起戴维·赫伯特·劳伦斯在他的作品《墨西哥的早晨》中写道：“有些东西植根于我心中，让我不能忘怀。”

我顿悟了！在此之前我从未如此真切地体验过植物王国的神圣。而现在，在我的神学认知中，有一株小苗在悄悄成长。

我曾就读于加利福尼亚州圣荷西索菲亚神学院。所以那时，我自然好奇所发生的一切，我到本地的茶馆，找到一本詹姆斯·诺伍德·普拉特所著的《爱茶人的宝库》。我真是太幸运了。一位优秀的讲述者先于我描绘出了茶道的艺术和技法，有很多榜样供我学习，有很多茶馆待我追寻，有很多新茶等我品尝探索。

为了逐步完成詹姆斯·诺伍德·普拉特书中列出的条目，我联系了 G.S 海利公司的麦克·斯皮兰，我告诉他我希望有人能帮我回答一些中国茶方面的疑问，请他帮我引荐一下。麦克给了我两个人的联系方式，他们都是旧金山海湾地区经营中国茶的业者。其中一人几乎一无所知，而另外一个则能一一作答。我就是在那时，成为罗伊·冯的学生。因此我开始了对茶的学习。每年我都要去拜访美国茶艺社团中的前辈，一年两度，不曾错过。

本书就整合了我十四年来从这些经历中的所见所悟，这些所见所悟有的来自我在美国和中国受到的一些正规或非正规的训练和学习，而最重要的来源则是当我独自一人在家中泡茶时所经历的。彼时我一坐就是数小时，完全沉浸在自己创造出的神圣时空中难以自拔。

我所记录的这些茶，都是在一些小茶园里叶片完整、独立种植的茶叶，经过人工采摘，人工炒制，最后手工完成的。这些茶都是经由旧金山唐人街裕隆茶庄的罗伊·冯得到的。罗伊每年要去中国很多次，有时还会邀请别人同行。我们一起去杭州的中国茶叶研究中心，他在那里深受欢迎和尊重，他不是在亲自和茶农们一起研究如何重现已经绝迹的历史名茶的辉煌，就是在着手研究全新口感的茶叶。罗伊的方法就是亲力亲为，对一些需要特别关心照料的茶叶不计产量。他态度严格，很多茶农都倍感压力却也有了动力。不过，到了品茶时刻，他们辛勤的劳动和合作换来的赞扬，必然会给他们带来一抹自豪的微笑和一份感激。

1994年，唐纳德·沃利斯创建了美国茶道大师协会，旨在研究中国茶艺。每个月，成员们都有幸品尝到唐纳德和罗伊亲自泡制的茶。他们发现革新茶的制作方法，或者以先进的技术作补充，可以找到他们一直想要的口感和体验。协会的目标就是让中国古代帝王们专享的茶叶重见天日。冲泡这类茶最能考验泡茶人的技法，换言之，这是茶艺的完美演绎。同时美国茶道大师协会还为会员们提供长期培训。我本人是首位也是目前为止唯一一位完成全部培训的人。

正是通过这些人的不懈努力，美国民众才有幸首次品尝到那些传说中的或者存在于书本中的茶。1993年7月4日，裕隆茶庄开业，不久之后，在中国茶叶研究中心的协助下，唐纳德和罗伊第一次得到了排名前100的茶叶，这些茶叶都是当年在全国茶叶大赛得过奖的。（详见第四章）唐纳德和罗伊也主办过很多中国以及世界茶叶大赛，我也同样有幸参与。

在旧金山利文沃兹街上，唐纳德·沃利斯经营的杰德·布鲁克茶馆里，他对我进行了正规的茶艺培训。当唐纳德细心地关上杰德·布鲁克茶馆的大门时，我就沦陷了。唐纳德营造出了一个纯净的氛围，茶馆美丽至极，满足了我的感官，安抚了我的内心。我在这柔和的灯光和清淡的色调之中渐渐放松，看着唐纳德小心翼翼地做着准备工作。

整个培训安排紧凑，囊括了很多项目，包括：茶叶的耕种、收获、炒制，植物学和化学，传统和非传统的冲泡技法，茶的历史、艺术和精髓，当然还有一遍又一遍品尝比较上百种茶。这使我有机会尝试中国全国茶叶大赛中的各种茶。这些学习连续五天，每次大概十个小时。每天结束紧张的学习之后，唐纳德解开门上的“封条”，我走进夜色中的旧金山，宜人舒适。有时，从杰德·布鲁克茶馆出来，我会步行到俄罗斯山，和詹姆斯·诺伍德·普拉特共进晚餐。我拜读过他的作品，很容易就能找到他。他也有个经营茶叶的公司，隶属于罗伊·冯，名叫 JNP 名贵茶叶，他就住在裕隆茶庄上面的山上。

诺伍德一直自视为罗伊·冯的学生，后来，用诺伍德的话说我们俩都变成了“高年级生”。2000 年是中国的龙年，我们一起去了中国，经历了一个又一个茶的冒险。我们和罗伊以及其他美国茶道大师协会的成员们，在茶田进行了为期两周的强化训练。

尽管有上述提及的三人做我的导师、先知、顾问，而真正引导我的却是茶本身。随着我学习的深入，我的悟性也随之加强，我感到自己开始探究万物的真谛。

品茶带给我的震撼体验如此之深远，使我迫切地想成为一名茶的拥护者。我想要驱散一直以来被美国茶道联盟的成员们误传的谬论，好像是一个不正常的家庭内部编造出的谎言。我还想过发起一场植物维权运动，涉及物种的保护，教育人们植物和我们一样敏感脆弱。有时，我还想围绕着“茶之女王”这个主题创造一个新的神话传说，将茶的浪漫故事和传说带入一个新的高度。

我读过的每本书，我去过的每个讲座，都会给我留下一些思考，这些思考可以说是我人生的瑰宝，可以同我的亲友分享。然而却没有什么词能用来形容当年我喝的第一口茶，当我学有所成之时，当我放下前人们所写的书，转而去看我自己体验过的富足和深沉时，我必须回到最初敞开心扉之处。且以此书，作为记录。

我很乐意与你分享本书。对我来说，就仿佛与你同坐一席，为你泡茶。唯愿此书，一如清茗，为你奉上一丝心灵的慰藉。

弗兰克·墨菲

于新墨西哥州，圣达菲

2007 年 7 月 6 日

# 一

# 茶之精神

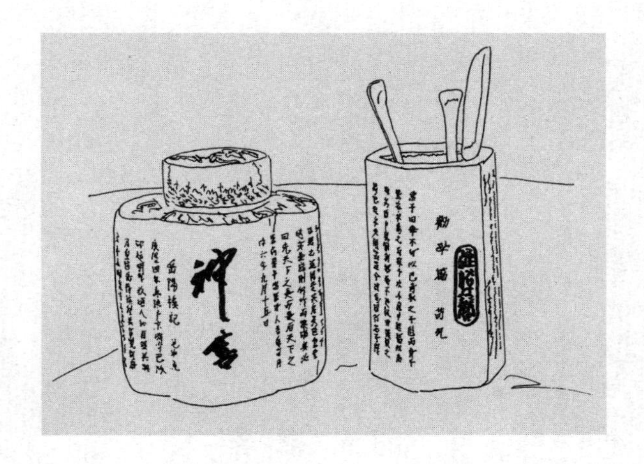

最深的秘密无师自通。

——译自《易经》

只要你用心聆听，世间万物自有其与人交流的方式。科学也许能将茶对我们身体的影响转化成数据，但却无法量化她对我们心灵的作用，这便是茶要给我们分享的她最深沉的神奇。

她朴素谦虚的品格与我们最原始的天性产生共鸣。

她低调婉约的美丽唤起了我们自身之美。

她柔和舒缓的平静突破精神上的物质主义，将我们带进一种高贵的状态。

她唤醒的不仅是我们头脑中的智慧，还有最重要的东西，那便是心灵的力量。

茶呼唤我们最深处的自我，并与我们同欢共乐。

任何能做到这些的植物一定具备些许神圣的力量。你也许认为一种植物能做到这些非常不易，你也许认为是我夸大了茶叶的魅力。你不是唯一这样想的人。佛学研究者和作家约翰·布罗菲尔德也有如此想法，在阅读了一系列对韩国僧侣和茶道大师关于茶的访谈录后，他在著作《中国茶艺》中写道："太夸张了！这些人所说的这些品质与茶完全不相称！"

而我却认为最夸张的，是我们与我们自身以及与植物界的兄弟姐妹们渐行渐远。茶请我们聆听，有些茶需要我们提供的不仅是平淡的味觉，还有静寂的空间，能与之共享的空间。用茶，我们可以为自己创造出一个完整开放的环境，一个可以安静冥想的转换空间。进入这个空间，如同被召唤般，行走在未知、思想、直觉、感觉和预想之端。

日本作家冈仓天心有感于茶带给他的体验，在他的著作《茶之书》中虔诚地写道："为何不奉茶花女王为我们的神，在她的祭坛前流泻而出的温情中欢庆呢？"他还继续写道："人生的喜乐毕竟只有那么小小一‘杯’，很快就会溢出泪水，对永恒的无尽渴求，又使我们多么不愿将其喝干饮尽，只要一这么想，就不用为在一杯茶上大做文章而自责。”

茶在东方宗教仪式中被使用了上千年。东方人选用茶这种提神的饮品，作为圣宴贡品，这令我十分着迷。而西方人则偏爱酒，一种致幻剂。据说牧师可以把面包和酒转变成耶稣的血与肉。而茶却能使我们自身转变。它能同时使我们狂喜又使我们哑然，我称之为“勾魂摄魄”。

一如其他植物，茶先于人类存在于这个星球上，或许还能对我们的生存方式指点一二。地球的铭文印刻在每一片茶叶上。铭文记载的内容，等着我们自己去领悟。一切植物，开花结果。但植物，这种有情众生，能在我们心中的沃田里再度开花结果。这就是他们给予我们的最了不起的恩赐。

也许每片叶子上
都印刻着
它们各自的箴言

有时我不禁好奇，从我的杯中升腾出的蒸气并不是茶叶的灵魂飞向天国。在惊扰茶叶的小憩之前，喷洒少许水在叶片上，可以唤醒茶叶，但我们更乐于抱着虔诚的态度来唤醒它们，召唤它们的灵魂和神明，获得它们的帮助。是的，它们是来帮助我们的。

我曾对着茶叶祷告，手悬于杯子上方，祈祷致谢。我看到茶叶在水中舒展开，红褐色的茶汤显出。我很惊讶地看到，仿佛三只白鹤从茶杯边缘的泡沫里显现出来。就在它们快要到达杯子的另一侧时，有两只幻化成蒸气升上空中消失不见。另一只则潜到了茶叶下面。我看着我的这杯茶，有些茶叶漂至水面，有的则是跌落杯底，变成毛茸茸的软软的云团。我沉浸在这静谧中举杯欲饮，白鹤们却中途折返，由空中飞回两只，又自水面游回一只。我想，这白鹤，携着自然之母的馈赠，从云南不远万里飞来。难怪此茶能净化灵魂。

如果你也晨起对茶祈祷，请切记：赋予茶叶灵性可以改变它的化学成分。当这些茶叶在你面前舒展开来时，为什么不试着去抚慰它们呢？这也是种最起码的致敬的方式。毕竟，它们年幼的时候，被从树上摘下，把它们渺小的生命献给了我们。

字典和百科全书上都坚称，茶属于常绿灌木或小乔木植物，但在野生栖息地，茶是生长在树上的。只需要走到茶园的周边就能看到：高达10到40英尺（1英尺约合0.3米）的茶树！人们改变了茶树的生长规律，使它维持在灌木的高度，便于采摘。如果茶树没有长这么矮，我们也就喝不到茶了，也必然不会对茶之女神蕴藏于茶叶中的精华如此关注了。有意思的是，茶与我们共享她的渴望，以此来实现她曾作为一棵树的价值。这就是为什么我们喝茶时能体味到广袤与宽阔，仿佛被托到树枝之上。这就是为什么我们喝茶时能体会到深沉与厚重，仿佛被带到了根系之中。

迫于人类耕种的需求，茶作出了巨大的牺牲。然而她仍然不吝付出她的慷慨，她的睿智。正是在我们回首致敬之时，茶成为一种圣物。

无论是在有关茶的诗词歌赋中，抑或是在名家大师的著作里，都不曾有过克制之辞。冈仓天心如是说：

“只要就着象牙白的瓷器装盛的琥珀茶汤，新加入的信徒们便可一亲孔子甘甜的沉默寡言，老子奇趣的转折机锋，以及释迦牟尼本人的出世芬芳。”

你大概会冷嘲热讽地问：这家伙喝的是哪种茶？但有些人也许会联想到法国作家马塞尔·普鲁斯特的小说《追忆似水年华》：

> 那天天色阴沉，而且第二天也不见得会晴朗，我的心情很压抑，无意中舀了一勺茶送到嘴边。起先我已掰了一块“小玛德莱娜”放进茶水准备泡软后食用，带着点心渣的那一勺茶碰到我的上腭，顿时使我浑身一震，我注意到我身上发生了非同小可的变化。一种舒坦的快感传遍全身，我感到超尘脱俗，却不知出自何因。我只觉得人生一世，荣辱得失都清淡如水，背时遭劫亦无甚大碍，所谓人生短促，不过是一时幻觉。那情形好比恋爱发生的作用，它以一种可贵的精神充实了我。也许，这感觉并非来自外界，它本来就是

我自己。我不再感到平庸、猥琐、凡俗。这股强烈的快感是从哪里涌出来的？我感到它同茶水和点心的滋味有关，但它又远远超出滋味，肯定同味觉的性质不一样。那么，它从何而来，又意味着什么？哪里才能领受到它？

（摘自马塞尔·普鲁斯特：《追忆似水年华》，纽约兰登书屋出版社 1981 年版，第 48 页）

纵观几个世纪以来众多人物与茶的各色境遇，我们不难发现，茶是以柔美的姿态存在于世。在中国，关于茶的传说满篇都是仙女、精灵和女神。王玲在《中国茶文化》中写道："中国关于茶的传说中，出现更多的是仙女而不是佛祖。比起佛教诸神，仙女们对中国人民的影响更深远，因为这些活泼生动的仙女们，代表的是美与智慧，以及中国普罗大众一直孜孜追求的高尚品质。"

不管是草木女神还是茶之女王，都用其柔美温婉而又自然清新的美，特别是来自茶的美，征服了我们，为我们带来祥和。

人们为了纪念植物学家卡梅尔（Kamel 1661—1706）把茶的植物学名称从Thea改成了Camilla，因为Kamel在德语中的意思恰好相当于拉丁语中的Camilla，即茶的意思。刚开始得知这件事的时候，我就很不高兴。感觉就像是至高无上的男权侵犯了全体女性的尊严，把女神的荣耀夺走，给了某个天主教的传道士。然而，再三思考，我却发现，鉴于女用名Camille（卡梅尔）和Camilla（卡米拉）的寓意为“仪式上的高贵女子”，其实这是个好名字。可是Thea却更能引人回忆，更加浪漫多情，也更能诠释茶的传奇色彩和悠久历史。Thea，即希亚女神，在希腊神话中代表了光明，而这也正是符合茶对我们的意义——她照亮我们的灵魂。

当我备感前路暗淡心智迷茫之时，一杯清茗会带我翩然前往阳光明媚风景宜人的小山坡上。和煦的阳光洒在我的背上，一身轻松无忧无虑，我臣服于茶的精神。

# 二

# 泽中有雷

茶与《易经》同为中国文化的载体，而其本身也属于中国文化。

1974年，我住在马萨诸塞州的米尔顿，距离美中贸易博物馆只有几个街区。然而我所不知道的是，博物馆的副馆长弗朗西斯·罗斯·卡朋特，彼时刚刚翻译完了陆羽的《茶经》。该书当年由波士顿当地的出版社利特尔—布朗出版公司出版。这是现存仅有的陆羽《茶经》的英文版。

陆羽，唐代著名学者，被尊为中国茶圣。公元780年前后，他一生的著作《茶经》问世。在当时它是介绍茶的权威专著。其内容全面具体翔实，以至于一段时间以来中国人都认为没有做任何补充说明的必要。

陆羽的著作向我们展示了茶对其一生的深远影响，但是还有另一股力量的作用——一本早于其作品千年的书——《易经》。

同样是在 1974 年，我买了人生中第一本《易经》。这是一本包含八卦图的道家经典之作。（一卦包含三爻）八卦互相搭配又得到六十四卦。六十四卦由两个八卦上下组合而成，其中每一卦含有六爻，或虚或实，将实将虚。由于六十四卦频繁变化相互作用，形成了多个不同的力量。因此得名《易经》，即“变化之书”。

**茶与《易经》**

译者弗朗西斯·罗斯·卡朋特先生介绍《茶经》时写道：“陆羽”这两个字与中国古代的最伟大的经典之一——《易经》密不可分。传说陆羽当年，“以《易》自筮”，占得“渐”卦，卦辞曰：“鸿渐于陆，其羽可用为仪”， 于是取名为“羽”，以“鸿渐”为字。另一种说法是，陆羽幼年被寺庙僧人智积禅师收养，并据《易经》为他取名“陆羽”。但不管怎样，陆羽和《易经》紧密相连，即使是在风炉上他也要印刻上《易经》中的三卦。这三卦分别是：坎为水，离为火，巽为风。千宗室十五世在《日本茶道》中写道：

> 陆羽泡茶用的饰物清晰地让人们看到了陆羽的态度。他不仅是在冲泡一种可以喝的饮品，在泡茶时他有一把精神标尺。烧水时，他召唤控制风、火、水的精灵。茶本身变成了一种祭品。因此这种态度依照他对待茶的基本方法显示出陆羽决意要在每杯茶里展示他的自然之心。

茶汇聚了中国道家的五种元素：金、木、水、火、土。陆羽认为，喝茶对于平衡我们体内的这五种元素能起到一些作用。有些茶确实善于如此。

在《易经》六十四卦中，有一卦让我反复思忖，那就是“随卦”，卦象也就是所谓的“雷泽随”。主卦是震卦，卦象是雷，客卦兑卦，卦象是泽。震为动，兑为悦。在六十四卦中，这一卦最生动地刻画了茶的本质。茶叶代表了“雷”的感召力和鼓舞力，而泡茶所用的水则恰恰象征了“泽”的温婉和美好。

在史蒂芬·卡赫翻译的《易经》版本中，我们读到这一卦“展现了外借刺激引发内在能量”。兑为泽，可以看作是盛满水的容器，比如冲泡盅。而在这盅内，这汪泽水，便是一剂使人鼓舞雀跃的灵丹妙药。泽的安定深沉，平静了我们烦扰的思绪，而雷的灵动活力，唤醒了我们的心灵。

正如《易经》所道:“一切能动的力量中,唯雷最甚”，“一切喜悦的力量中，唯泽最甚”。

《易经》同时告诫我们：“万物源自激发的信号。”

茶就是万物。

深入研究，书中还写道：“下卦震卦表示大地深处的神显灵带来的震撼。”这里当然表示的就是在泽中。

震卦的象征动物是龙。中国人认为龙潜居于水中。雷电都是龙的法力，尤当潜龙出水升天之时，龙发出雷声震醒沉睡的种子，不管这种子是种在泥土里还是我们的心田里。飞龙还会带来雨露，倾盆而下，肥沃大地滋养万物。

龙的能力就像昆达里尼一样，蜷伏在尾椎中，随之伸展，向上攀升而被激发出来。震卦和兑卦同样有着向上的自然属性。茶也可以调动我们体内的“气”，引其向上，沿途清理堵塞的经络。在我们饮茶的同时，我们的生命力自下而上地萌芽，在我们的心灵、思想和灵魂中绽放。同样我们应当感激，在龙的领地里，我们在这一卦中寻得了庇佑。

第十七卦同时象征了秋季，此时震雷带着它的侍从闪电，回归大地开始冬眠。中国人一度认为雷来自大地。其实倒不如说是雷撤回了水中。茶也是在秋季开花结果，然后归于泥土，之后休眠、过冬。如果一天中存在“秋季”，那一定是“君子以向晦入宴息”之后，端起一杯茶的那个时刻。正如第十七卦建议的。

秋日花茶

我曾试过为你忧心，甜美的十一月。

但你的月亮散发出的有喜悦也有悲伤。
现在你从九月派来同仁，
通过叶子缓解我的忧郁。

在杯中我看着花朵浸在水中，
天使徐徐从大地升起。
在心中我知道，
在出生前的数月我在守夜。

品一口，便是我要记住的一切。
一条讯息，不是来自外界也不是来自以下：
这些在九月里的九天被摘下的叶子，
平静集中的爱的大地。

水是平静的，但却不是停滞的。唤醒水中潜龙的生命力活力无限。茶杯里的水也许是平静的，但平静的表面下有一团毛茸茸的云团悄悄升腾。龙的智慧透过茶悄声传授给我们，只需浅酌一口，便可领略其中奥妙。

我听到的第一声龙啸，来自“泽”中，也就是《易经》中的“兑卦”，是我心灵的欢悦之泽。在卡赫翻译的《易经》中，他将“兑卦”描述为“愉快的舞者，水之精魂……她与‘震卦’欢快地舞动，感受着自己的精神”。“兑卦”代表着女巫或者是“有发言权的女性”。茶之女神希亚就是一声令下便能带来光明的女性。

将我们带到这一卦的是随卦。上卦兑，为悦；下卦震，为动。动而悦，随。我真心欢迎年轻的茶精灵来到我的体内，我会追随她的足迹，感知她的所在，我能知道会是在何处她将邀我去她的田园，又会是在何处我将抵抗住她的召唤。

### 阴茶与阳茶

在第四章《分类简介》中你会发现现在世界共有六大传统茶系：白茶、黄茶、绿茶、乌龙茶、红茶和普洱茶。而我已然发掘了另外一种分类方式，一个将茶对人体产生的作用考虑进来的体系。用我的方法只需将茶分为两类：阴茶和阳茶。

阴阳是中国传统哲学和医学的两种基本元素。简单地说，它们分别代表了匀速运动中的黑暗与光明，世间万物皆分阴阳。阴茶，由坤卦代表，坤为地，向下伸展；阳茶，由乾卦代表，乾为天，向上伸展。在六十四卦中，这两卦为中心，象征了人文。下两爻代表地，上两爻代表天。双方的作用汇聚在心中，达到和谐。

阴茶主要有白茶、黄茶、绿茶和一部分青茶（乌龙茶），茶性阴柔随和；阳茶更偏阳刚些，主要有青茶（乌龙茶）、红茶和黑茶（普洱茶），这类茶芳香浓郁味道鲜明。

如果说茶能将你带入茶树里，那么阳刚豪迈的阳茶，会一路向上穿越层层树枝把你带向太阳，而阴柔温婉的阴茶则会一路向下盘根错节般把你带向大地。阳茶张，阴茶弛，茶不需要规则的约束。我们可以畅饮开怀，不必顾虑。

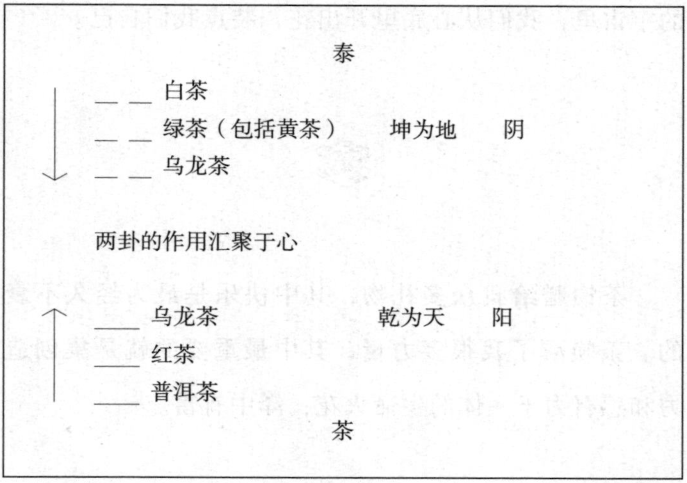

泰

↓
— — 白茶
— — 绿茶（包括黄茶） 坤为地 阴
— — 乌龙茶

两卦的作用汇聚于心

↑
—— 乌龙茶 乾为天 阳
—— 红茶
—— 普洱茶

茶

既可穿越树枝攀升至云霄忘乎所以，又可隐入根系逃离开身体“消失”不见。有时迫使自己离开顶层的“极乐”很重要，同理，为了避免误入歧途抛弃尘世的玩世不恭也很重要。重新抓住其中一端能创造一个让我们脚踏实地转移自身能量的地方。

在精力过剩的时候，一杯阴茶能使我们回归自我，不再浮躁。而阳茶正相反，它能把我们带到广袤无垠的宇宙里，我们从心底里开出花，装点我们自己。

茶馈赠给我众多礼物，其中快乐是最为经久不衰的。茶唤醒了我很多力量，其中最重要的就是集创造力和感召力于一体的生命火花：泽中有雷。

三

# 我欲知杯中可见

如果在你身处之地都找不到真理，那你想去哪里寻访获得真理呢?

——道元

有时候过于忙碌，感觉自己被挤得偏离了正轨。茶道会将我带回原位。茶道通常需要不断调整，否则就有可能变得呆滞、空虚，毫无生趣。如果你过于在意技法，而不是茶本身，那说明你还是没有全心全意投入进去。

我每天喝茶的原因都不尽相同，但自屈从于意愿的那一刻起，感觉就开始有点不一样了。我情绪放松，心情愉悦，因为我知道，接下来我会以真挚的方式接近自身。

茶载着我领略神圣。我将这种体验视作“圣礼”，字典里对“圣礼”的解释是“神圣的誓约或可以接触到圣洁的渠道”。其实，任何一种体验，只要能让我感受到内心的平静，能任由我打开心扉，能使我听得到自身体内细微的小动静，都是一种圣礼。

茶的神秘功效之一是能够带我们回归内心深处美丽之处。一个朋友能够做到这一点，夫复何求？美能放松我们的心灵，让我们更加留心聆听灵魂之音。这奇异的恩惠像是一种祝福，任何能使人敞开心扉的方式都是一种祝福。可能这就是beauty（美丽）、beautify（美化）、bless（祝福）有共同的词根的原因。

我的饮茶仪式的第一步就是在一天中找出一些时间，使我可以完全沉浸在泡茶之中不被打扰。而这个仪式本身就是一种浑然天成的冥想训练。我自己创造出的空间需要我专心致志于手头上的任务，思路清晰，全神贯注。我必须仔细留心，不然就会打碎瓷器，或者更糟，毁掉我的茶。

我还会收集一些泡茶时要用到的器具和相关的好看又实用的东西。我把它们放在白色茶巾上，观察茶浸泡在水中时的颜色变化。不论是纯银茶壶还是玉质盖碗，使用高雅的器具能使茶档次提升，与众不同。和水一样，茶天生就会流进任何空间，不管是流进我们面前耐心等待被填满的茶壶里，还是流进我们的心房里。

我想如果我空着手与茶“会面”，就不该期待茶能有什么“回应”。我希望我自己也能拥有本想要从茶叶里“哄骗”来的那些高尚品格。所以我营造出一种氛围，怀着尊重和敬畏之心，来面对这神圣的植物。唯有以真诚的态度，才配拥有茶。即使经过了三十天的节制，要营造出适当的饮茶空间也许还需要五天。在饮用有些茶之前，我们需要禁食或净化，而另一些就简单些，只需要保持思想的清净。

看懂了吧，在喝茶之前，我就已经作好准备静候奇异的事情发生了。

我有时会自问，今天要把什么茶请来呢？可能我已经知道了答案，可能我在前一晚梦到过它，也可能我在清晨的微风中嗅到了它。

我喜欢看着水煮沸，因此选用敞口的小平底锅。多年来，我都习惯在锅边插上一个温度计。有段时间我喝了很多绿茶，有些茶需要很烦琐的过程。有些比如只有两个星期的狮峰莲心龙井需要用55摄氏度的水加热50秒，其他的茶大部分需要在60摄氏度的水中加热70秒。多年来盯着平底锅愣神，静待水升温，我想到了一个好办法来判断什么样的水是达到了60度。但是如果你喜欢用电茶壶，那么烧水的时候很容易就能通过声音或者水壶外壳判断出水在里面的情况。

在圣达菲，我听到英国茶品饮用协会的人们抱怨他们的水总是烧不开。事情确实如此。圣达菲海拔7000英尺（约合2133米），这里的水要沸腾，不用达到100摄氏度，90多摄氏度就可以。对于需要靠沸水来萃取其中精华的红茶来说，这个温度是绝对不够的。如果你决心要把水温煮得更高，那你可以不熄灭炉火，直到水烧到滚烫沸腾或者用微波炉加热。两种方法都能使温度最低提升两度。在低海拔地区，往经微波炉加热过的水里洒上些普洱茶叶，你会看到梦幻般的效果。它会发出滋滋声，有泡沫溢出。看上去有所不同，喝起来也是别有风味。

当水达到了期望中的温度，我会倒进冲泡盅一些预热，再倒进我将要用来喝茶的容器继续预热。之后大部分人可能就把水倒掉，然而在这沙漠地带水是多么宝贵，我把这样的水倒进特定的盆里，留待以后浇浇花草。

把这些“预热用水”倒回锅里绝不是良策，因为它会减少水里的“气”。同样的，掀开水壶盖，拿走茶壶盖，或者过早搅拌茶叶也是极具破坏性的。这些举动都会中断“气”的生成，破坏平衡。

我用木勺把干茶叶舀到冲泡盅里，我特意不用金属勺子，因为道家相信金木相克。树木对于金属怀有敌意——想想斧头、木锯、钉子对树木的亵渎。因为这个，我在金属罐里用纸做了个里衬。

为了使茶散发出芳香，我会在茶叶上撒些热水。把这些湿润的茶叶放到鼻前，吸一口气。茶叶的香气久久萦绕让我流连。

## 冲泡时陶冶自身

把冲泡盅放到台子上，倒入水，第一次冲泡。有些人称之为“茶叶的挣扎”。海伦·古斯塔夫森在她的书《茶叶的挣扎》中作出了出色的描述：“这个短语是指松散的茶叶浸入沸水中翻滚旋转的情形。”也许茶叶看上去痛苦萧索，一如暴风中的秋叶，但也可以说它们像在舞动啊。或许造出这个著名短语的人恰巧那天心情不好吧。正是如此啊，海伦！我也觉得把自己的情绪注入茶叶的人那天过得一定不太好。

我永远也不会用这个短语，因为每每我所感受到的都是茶叶与水重聚时的欢乐。如果说一片茶叶真有痛苦挣扎的时候，那一定是它第一次离开茶树母亲的时候，也就是它被摘下的时候。另一个痛苦时刻，必然是它第一次来到热腾腾的生锅里，接受炒制的时候。

要说茶叶有什么伤痛，肯定不会传染给我们。因为这创伤应该过不来。

我时常觉得，茶叶的一部分灵魂被封锁了，唯有在它被浸泡在水中时才得以释放。当茶叶被热水解放，第一件事就是适应周围环境。它们失重，下沉，想要回家。为帮助它们，我在喝茶之前都会倒出一点在地上。这是一种感恩，大地无偿施与我们的恩惠，我也要回馈一些给她。我还会把泡过的茶叶放在地上。

茶通过我们落土归根，也帮助我们接近大地。这是一切植物与生俱来的夙愿，它们安家于大地，也想带我们回去。很多人都感叹是茶让他们接触大地，回归自我。

茶浸泡在水中时我寸步不离。我要让它们相信醒来后是安全的。随着它们舒展身体，我浅吟轻唤。一如我之前说过的：赋予茶叶灵性可以改变它的化学成分。我的手悬于茶叶上方，随着茶叶在水中的变化而祈祷，集中我的能量和精力于茶上，“气”从我的掌心飘进我的冲泡盅里。这样的仪式增强了冲泡的程度，完善了茶的味道，就好像日本作家江本胜在《水知道答案》一书中展示的那样。

或许要经过多次尝试，反复试验，你才能全面开发茶叶的潜力。水温和冲泡时间都是经过耐心的实验最终得出的，之后茶叶方能“完全觉醒”，又或者像冈仓天心说的“高贵的展示”。要记住，詹姆斯·诺伍德·普拉特说过，我们要做的是“从茶叶中提炼琼浆玉液，而不是把它煮熟”。一杯泡过了头的茶喝起来干涩，苦楚，口味冲。而没泡够的茶则口味稀薄，毫无特点。

难免有犯错的时候，你会用错了水，水温不当煮过了头，而茶依然芳香如故。有的茶就是这么宽宏大量。

你没法观察茶壶里冲泡的茶叶，而茶泡在瓷质盖碗里，你只能从上俯看到表层的茶叶。我使用瓷器盖碗的时候，为了能看到里面的进展总是不盖盖子。尽管现在有一种玻璃材质的盖碗，大部分情况下我还是用派莱克斯牌的耐热玻璃杯。我能从各个角度观察茶叶，因此也就能成为茶叶中的一员参与整个冲泡过程，我从不盖上杯盖，就是为了给茶提供一个与精神世界重聚的机会。

我用的杯子是 14 盎司（约合 400 克）的法式果酱

罐，相当于两只英国茶杯的容量。这样的大小足以让我久坐，不被打扰，不被分神。它们不如瓷质盖碗好看，但是要知道在龙井茶的故乡杭州，也是用玻璃杯的。很多当地人，包括茶叶博物馆和研究中心的员工，都是直接用玻璃杯。

我们还能透过玻璃杯看到冲泡茶叶时落下的毛茸茸的云团，但是有很长一段时间，我用玻璃杯，是为了等待着与前来饮水的灵魂的不期而遇。我总是举起杯子从杯底向上凝视，静候着天使之吻掠过我的茶。

的确，不同的冲泡盅泡出来的茶，味道各不相同，就好像红酒倒入不同的酒杯。我个人倾向于使用不带尖角的冲泡盅。

泡茶时，我经常对茶水表面出现的那些小泡泡着迷。好看的泡泡看上去就像描绘在中国丝绸和瓷器上的祥云，我很好奇是不是这正是它的灵感来源。我想这些泡泡中蕴含的图腾能给予我们的精神财富远远大于沉入杯底的茶叶。

我观察到的另外一个令人着迷的现象是水下潜伏

的蒸气想逃走，而当它一旦逃掉了就立即蒸发了。茶表面形成的图案很奇异，它们瞬息万变，千姿百态，变幻莫测，有时就像一块有好多裂缝的快要融化的冰块。你要是向它吹口气，所有一切都烟消云散，之后又慢慢恢复原样，可能这些图案都是蒸气蒸发而成的。

有一天，我双手悬于杯上，看蒸气飘到我脸上。一股很长的稀薄蒸气飘进我的眼睛里，我向下看能看到茶的表面一条清晰的通道。

不同的茶叶加上热水之后会展现出不同的特质，有些最初聚集在一起漂浮在水面上，之后渐渐舒展，在水面四散开来，成为名副其实的一摊茶叶。在某一时刻，它们纷纷开始下沉。我就喜欢它们下沉时的步调，缓慢安逸。

有时候，它们聚集在水面时，你能看到茶叶沁出的深琥珀色在水中晕开，下落，好似一团云朵在水中穿行。又或者，茶叶沉到杯底，如果你不去唤醒它们，琥珀色会一直附着在茶叶上。

作为一种常绿植物，茶叶较之落叶乔木生长十分缓慢。多年来我也已经掌握了茶要慢慢冲泡的规律。我并不是在比赛，泡茶要费心思，其安静与温顺也正是它的魅力所在。

关于茶的一切都能使我们放松，茶田夜晚的低温延缓了茶叶的生长速度，使茶的味道更加香醇可口。冷水慢泡使茶的高贵品质显现。茶天生就有使我们轻松的能力，它使我们对一些简单的事物也心存感恩——放置水壶的炉灶，放置瓷器的木台，柔和的灯光，平和的气氛。我不禁想起来罗伯特·布洛尔特说过的一句话："享受细微的小事，因为终有一天回过头来你会发现，这些其实都是大事。"

**倒茶时默念魔咒**

现在到了把茶叶从水中滤出来的时候了，也许你的计时器刚刚跳针，或者你就是凭直觉知道一切已就绪。总之，茶叶会通知你。

倒进另外一个容器里，找个地方坐一会儿。

尽管把茶叶倒出，还是会有一些残余散叶泡在杯子里。这就是为什么一杯茶的第一泡的每一口喝起来可以各不相同。个别茶叶，比如普洱，在去除茶叶之后，我倾向于让茶“歇”足十分钟，使其温度略高于体温。如此一来，一杯茶便可“功德圆满”，发挥全部潜力。

**品茶**

我们已然和茶交情深厚，但当嘴唇缓和了水面的紧绷，我们周身都被茶的精髓充实着。我们将火、水和祈祷赋予茶叶，而她则带给我们活力。我们泡茶，却也由茶洗涤我们。我们的身体正像一只冲泡盅。

兑卦，泽，或者是冲泡盅，唯有不择细流，才能引得各方水源。一如许多精神训练。首先要“排空自我”，变成一个能够接纳指导和建议的“容器”。茶亦然，我们坐着喝茶，细品其味，平静和深邃的水面使我们深思，放缓速度，远离尘嚣，回归本我，去接纳我们真正的所需。

我们感激茶，首先因为它滋养了我们的味觉，可是喝茶却不仅仅是一次味觉的盛宴。

当我和这些来自中国的“年轻女士们”——绿茶和白茶——在一起时，我会不禁失语，庄严肃穆，如果我是站着，我会恭敬地坐到椅子上。当我终于能够开口说话了，听上去却虚无缥缈。茶叶在一瞬间回味悠长，难以捉摸，无形超脱，是很难找到恰当的语句描绘出来的。

茶是如此精美的佳品，总能与我们脆弱的情感产生共鸣。

**宜兴茶壶**

起初我对茶壶并不感兴趣，我觉得它简朴枯燥。尽管我此前没见过可以用来烧水的陶壶，我觉得它看上去如此简单，近乎粗糙，没有光泽也不值什么钱，实在没有魅力。好像摆在桌子上还有点不稳。

一天，我在工作间里，来回数次经过灶台，上面放置着这个壶。置于一个大号的现代的炉灶之上，它显得十分醒目，然而却有些什么触动了我，挥之不去。正是这么一件简陋的器具，外形不上台面，仿佛是说它希望被忽略。它流露出的是一种羞涩。

似曾相识的感觉。它使我想起了宜兴陶器的画报上的那些低调的古代茶壶，我通常将这些都一瞥而过，转而去看些更新颖、更精美的茶具。它的线条呈现简洁之美，和我此前见过源自另一种文明的实用器具一模一样。

终于，我开始去了解它。它是由宜兴当地的工人用当地的陶土制成的。

后来我想，那些用茶树所扎根的土地上的泥土制作出来的茶具，我为什么不用它来盛茶呢？那些流经过这些土地的泉水，我为什么不用它来泡茶呢？

如果你想在中国找到这样的地方，就来宜兴吧。在中国最受爱戴的茶艺大师陆羽的故居周边的镇上你亦能寻得。也许吸引他到此的不仅仅是茶叶，还有茶壶。

没有所谓的“宜兴水壶”，却有成千上百的宜兴茶壶。世界上的紫砂产地仅此一处。就在中国江苏省宜兴市城内周边。

宜兴，位于太湖之岸，中国陶器之都。我来到这个城市，首先令我震撼的是众多的窑冒出的滚滚浓烟。沿街满是陶艺工作室和工厂。

人们看到宜兴陶器时，往往着迷于它娇小的身材。一个典型的中国茶仪中所用的壶只能容纳 4 盎司的水（约合 113 克）。对于那些惯于使用布朗贝蒂或者查士福德茶壶的爱喝英国茶的人，甚至是爱用美观的生铁茶壶的日本茶道爱好者，这的确是个不小的转变，但却不失为一个迷人的转变。如果你有幸将这小小的艺术品置于掌中，你就会被它们不可思议的艺术技法所吸引。每一只都由手工制作而成，在壶底和壶盖下方都印有艺术家的印记。然而必须注意的是，和其他东西一样，宜兴茶壶也存在便宜量产的仿制品。

在宜兴有一家博物馆展示这些茶壶，还有大量的图片回顾。有的制作精美的茶壶，灵感源自大自然，有的造型似瓜，有的好像古树干，它们能卖到上千美元。

简单的线条和暗淡的外形，中国茶艺中使用的传统茶壶能够如此吸引鉴赏家们还有另外两个原因。首先是它经久耐用，能够承受激烈的温差波动，不会像瓷器般易碎。其次是原材料陶土的多孔性，这应该也是你最常听到的。事实上，我有一位老师阐述这一点时，我问：“那它为什么不会漏？”

他一时间回答不上来，但随后我发现，在整个制作过程中，人们不断用木槌把壶的外层拍实。再用水牛角制成的特殊工具将其打磨抛光。两道工序都能密实陶土，封住气孔，使得茶壶不会漏水。

只有在壶的内部才有成千上万个肉眼看不到的小气孔，事实上这种质地的陶土由于多孔性强，所以建议你每只茶壶只用来装一种特定种类的茶，因为茶水可以浸入壶体中。如果你想要用茶壶泡其他种类的茶，那么只会将这个茶壶变得毫无用处。还有人建议在使用之前可以“治愈”一下茶壶。就是把壶放进平底锅里煮，平底锅里的水是你即将要在这种壶里使用的茶水。如此一来茶水便可以充分渗透进茶壶了。

鉴赏家们总是说，一个宜兴茶壶一生只泡一种茶。但是并不绝对，年复一年，口味在变，如果你想用“做好了的老练的茶壶”泡不同的茶，你所要做的就是重新加热。这样既可以清理它又可以杀菌，之后便可再次使用。不幸的是，这样会损伤壶表面的光泽，影响它的收藏价值。

爱好者们发誓说用这类壶泡出来的茶的口味非同一般。要证明这个说法并非难事。首先，壶内没有折角或尖锐的边缘能影响冲泡过程中的“气”。其次，一个“老练”的茶壶会将前次使用后残留下的独特口感“传授”给这次要冲泡的茶。再次，在传统仪式中，小壶都会被放在“茶船”或者宜兴茶碗上。这样就可以把热水倾倒在茶壶上保持热度，这样做同时改变了壶内的对流，无形中增强了茶的口感。

## 同马乔里·西格尔饮茶

有一天我在家里工作，我的一个客户对我说：“哦，弗兰克，我在杂货店里看到一些茶叶，觉得你会喜欢的，所以就买了一些，我们来尝尝吧！”

我备感荣幸，还从没人给我泡过茶呢！“好吧，马乔里，这主意真不错。来吧，我们休息一下！”

她往水壶里装满了自来水，然后放到炉灶上，之后从厨房的碗橱里取出一个纯白的瓷壶，往冲茶器里放了三个格雷伯爵茶茶包。等待水烧开的同时她在桌子上摆了两套茶具，一杯糖，还有满满一杯咖啡伴侣。

茶泡好了，我尽地主之谊为我们俩各倒上了一杯。我往自己的杯子里加了满满一茶匙的咖啡伴侣，半勺糖。喝起来真不错，我又多喝了两杯，我们度过了一段怀旧时刻。

马乔里·西格尔是位年长的英国女士，在医院里住了十周刚刚出院。很多年前她的儿子去世了，之后丈夫也去世了。而我当时失去了我的女儿，很多年前我的前妻去世了。马乔里还能惦记着我，去买对她来说很特别的一个牌子，她能从容地冲泡，没有小题大做，这让我感动万分，而最打动我的还是她的真诚。

这是我们都经历过的与茶的礼节有关的温馨时刻，人们做出真诚的努力向彼此靠近的谦卑时刻。当人们的需求需要更大的填补，茶的作用就变得不那么重要了。

要知道，如果茶要和你讲话，如果茶要进入你的心并改变你的人生，它总会成功，不管人们如何将它打包，炒制，赠予；不管它产自哪里，年岁几何，或者如何冲泡。是否稀有，是否值钱，是否来自偏远山区或者异国他乡或者你情有独钟的某个牌子，这些都不重要。是用宜兴茶壶还是用玻璃杯？如果你心怀崇敬，带着敬畏之心向茶靠近，就不会出错。

# 四

# 分类简介

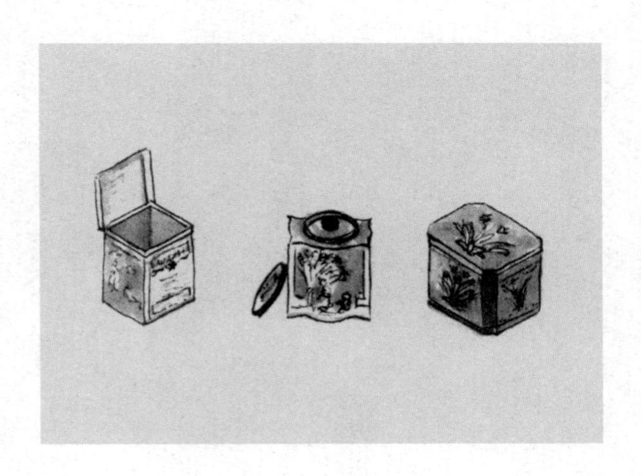

茶的形态和口感都是独一无二的，于是中国人将它们分成了六大类。以下就是传统的分类：

白茶

黄茶

绿茶

乌龙茶

红茶

普洱茶

尽管有的白茶可能浓郁深沉，有的红茶雅致精巧，但随着你向下浏览这个清单，所看到的茶会变得一个比一个需要的技法更多，工序更长更复杂，口感也是一个比一个更浓烈粗犷。白茶、黄茶和绿茶的口感比较含蓄精致，所需的炒制工序最少。乌龙茶、红茶和普洱茶则深沉馥郁，浓重香醇。清单上的茶排名越往下的，咖啡因含量就越高。

使一种茶与其他五种区分开来的是，从茶叶被采摘的那一刻到在高温下发酵的那一刻，这之间消耗了很多时间。茶叶一经发酵，氧化过程就会停止，叶片中的酶停止分解。比如，绿茶，采下当日就能冲泡。茶叶采摘来以后，要将其放在阳光下晒，使其蒸发部分水分，之后在敞口锅中炒青。对乌龙茶和红茶总是要“粗暴”一点，挤压，猛击，重挫，以加速破坏酶的活性，使它的口感有别于其他茶叶。要成为名不虚传的乌龙茶和红茶，通常要反复炒青。每种茶的制作工序都有独特的风格，而最重要的，每个茶园的制作工序也各有千秋。

除了制作工艺，不同种类的茶树也对各自的茶叶有所帮助。比如，福建省的富铁土地和亚热带气候就能产出大叶片的白茶和乌龙茶。与之相反的是，浙江省四季都利于生长较小叶片的绿茶。

这些因素，与茶叶内在的阴阳一起，使得每种茶叶都形成了各自与众不同的特点。

**入门级茶叶**

我将为你逐一介绍这六类茶，每一类中拿出一种作介绍。我称之为入门级茶叶，所谓入门，就是在入口处的一条通往我们自身或是茶叶本身的门廊。能够学到通常学不到的知识。这种“知识”可能会是直觉、预言，抑或是励志的思想，还会让我们感觉到从“美妙绝伦”到“心灰意冷”之间的一切情绪。入门级茶叶，改变了我的体验，以及对植物、宇宙和我自身的理解——它是将我带上这段旅程的茶叶，邀请我来到一个新的空间，与我同享它们的故事与乐章。

有一些茶，能够带我们到一些非同寻常的地方，而正因为如此，这些茶本身就是一种仪式。当你独自一人外出寻茶，到最后，可能将你带回家的却是茶。

如果茶成为日行一次的虔诚仪式，你敞开心门，放开思想，向茶靠近，道家五行相互平衡，你所寻求的知识自会显现。那么就不会有泡不好的茶，也不会有用错的方法。

**银针**

在我的杯中
银针芽落下
如阳春白雪
在我的园中
花瓣也落下
穿过开花的树枝
就连云朵也飘下
它们离开了天空
前来亲吻君山茶
或是来采摘回家
叶的精神
升入蒸气

离开杯子

找寻云雾母亲

一同回归岳阳

银针茶全部是茶芽。当泡上一段时间之后，它们变得柔软有韧性，可以用手展开。芽内还能看到一些没长开的嫩芽蜷缩在小小的未成熟的茶芽中间。叶下张着小小毫毛，嫩芽风干后，由于里面满是毫毛所以呈现白色。因此，银针茶叶被归为白茶。同样，杯中的茶水通常会是“白色”，或者说无色透明的。

中国白茶产自福建，就在台湾的对面。最受欢迎的白茶都是从茶园的同一种茶树上采摘下的。在杭州的茶叶博物馆，有一张茶树嫩枝的插图，介绍了一株茶树上新发出的头三种茶芽的名称。第一种茶芽，长在嫩枝尖端的叫作银针。第二种（绽开的叶片）叫作贡眉，第三种最大的开得最完全的叫作寿眉。

中国白茶分三种：白毫银针，鲜叶原料全部采自大白茶树的嫩芽；白牡丹，嫩芽中混带着绿叶；以及寿眉，全是整片的全叶，不含嫩芽。很多白茶茶叶被钉在一起就形成了一团花簇，它们的底部被绑起来，以某片叶片为中心包圆形成放射状。当这团花簇泡在水中，慢慢张开，其形态像极了白牡丹。第三种，也就是最后采摘的茶叶，寿眉，是相对比较平庸的茶。许多出口国现在都开始利用白茶的种植技术去种植大吉岭白茶。

白茶是最不费工的一种茶，尽管大多数都经高温发酵。许多茶叶公司都声称，他们的白茶经过露天晾晒，除非买家亲自到茶园求证过，否则谁也不知事实上是不是这样。有一年，裕隆茶庄来了一批露天晾晒过的白茶，罗伊·冯亲眼所见其制作过程。尝起来与我之前喝过的白茶全然不同——浓郁的口感，带着蜂蜜的香甜，又像烤过的小麦，新鲜的绿草，明亮的花团。

白茶据说所含的健康物质比绿茶多，特别是抗氧物质含量方面。所以我认为，操作步骤越少的茶叶，其治疗特性越显著。

银针茶喝起来会浓郁、香甜、平和。茶是放松良剂，白茶的咖啡因含量在所有茶中最低，因此茶氨酸的功效突显。茶中的刺激性物质含量极低，与缓和性物质没有可比性。其结果是，有的白茶能将我带入深度恍惚的冥想状态。我称之为“迷幻茶”。有时到了秋天，我会在银针茶里加些菊花瓣。这些鬼魅般的白色天使附着在嫩芽上，仿佛要阻止它们漂上水面。

我坐在山的这面。头顶是巨大的黄松遮天。它们填满了整个峡谷。每根松针都在阳光下闪闪发光。树枝随风摆动，银针催我入眠。在我的杯中，我看到我的银针茶在阳光下熠熠生辉，在水中摇曳生姿，一如山谷里的微风。

大多数人提及茶的力量，他们往往想到浓重的颜色，浓烈的口味，或者高含量的咖啡因；而我却发现白茶颜色淡雅，口味清淡，咖啡因的含量低，带着能够让人脚踏实地的力量。让我留恋的也许并不总是茶的口感，还有它对我的秉性和灵魂造成的影响。

品尝银针时，我总是感觉我的能量和注意力被拉回自身，在喉间的某处。这是一种收敛作用，只要你愿意，它可以变成一种凝聚力。

## 君山银针

### 君山银针茶初体验

第一口：随着我再次进入顶轮，周围世界逐渐消失，我的能量被聚集在一起进入体内。

第二口：头颈的一切紧张被驱散，我下沉到心轮，茶在此时平静了我的内心。

第三口：能量继续下沉，进入腹部，我也沉浸在了其中。

第四口：身体的紧张继续舒缓，我坠入骨盆，进入“阿尔法状态”（alpha state）。

第五口：身体就像运动了一小时一样。我的脊椎自动重组。

第六口：作用于我自身。我可以不戴花镜也能看清药瓶上印着的小字。

第七口：我看到了秋天的泥土，大地。

第八口：随着骨盆屈服于睿智的身体，所有的事情都变得唾手可得。

第九口：我的灵魂在这平静的常绿叶中被冲刷。一切都很安逸，不急不躁。

第十口：我到家了！所有的一切达到了圆满。

君山银针，黄茶的一种，产自湖南岳阳，据传是毛主席的最爱。黄茶的制作流程中多了一道工序，致使它与其他的茶有所不同。这道工序叫作“闷黄”，把竹席放置在晒青的茶叶上方，放置时间从三小时到数日不等，或者把茶叶卷在纸中。这样茶叶就变成了悦目的黄色，也形成了独特的口味。

君山银针有种呛味，我一直在怀疑，是不是在炒青时，锅底的煤烟进入了茶叶中。最初，我和很多人一样，没有意识到这是呛味。对我来说，它有的是一种迥然不同的品质。它表现出的是茶叶最自然的口感。正是因为这种特殊的口感，在湖南一些口味较重的饭菜旁，总是佐以这种茶。

因为名字里带有“银针”两个字，我曾经以为君山银针是白茶的一种，但是“银针”这个词，代表着一种易识别的茶叶类型——白茶或者银针形状的茶芽。其他的类型名称是:“毛峰”“毛尖”“豪茶”“白毫”“豪芽”“银豪”“珠茶”“黄芽”。这些叶片类型是根据茶叶杀青后的叶片形状而定的。比如，毛峰瘦长微卷，珠茶造型似球，龙井平正服帖。

这种“尖锐”的银针茶的茶芽通常很密实，所需水温较高。我的第一盒君山银针是裕隆茶庄给的，一小盒2.5克。我是用冲泡绿茶的方法冲泡的它。当格丽斯·冯用几乎刚烧沸的水冲泡给我喝时，完全是另一番滋味。

## 龙井

一个人并非总能将灵魂与实物联系起来，但

当我第一次喝到龙井时，感觉好像我的灵魂披上了一条手工刺绣的丝质马甲。

一旦我举起这杯茶，摆出邀请的姿态，我好像都能看到一张面孔浮现在我的龙井上轻酌了一小口。之后融进蒸气飞离茶杯。它吓了我一跳，我的心骤然一缩，那张面孔也消失不见了。

我发出邀请摆出姿态并非毫无意义。我召唤灵魂世界的人们加入，如果有人被召唤现身，我为什么要害怕呢？

当你经常轻唤他们的名字，他们自会到来。

龙井是中国最受欢迎，最广为人知的绿茶。罗伊·冯提醒我们说，龙井茶色泽翠绿，香气浓郁，甘醇爽口，形如雀舌，即有“色绿、香郁、味甘、形美”四绝的特点——叶片扁形挺直，大小一致。

在浙江省杭州西湖一带的各种茶园均有龙井种植，这里海拔接近海平面。有时我会把杭州视为中国“茶叶中心”，因为在这里我们找到了中国茶叶博物馆和研究中心，二者因举办每年一度的绿茶大赛而为人所知。正是龙井使古时候来到周边禅寺研习中国佛教禅宗的日本僧侣们如此迷恋。我坚信是龙井的口感给了他们灵感，于是他们回到日本创造出了属于自己的煎茶。寺院都有上千年种茶的历史，便于促进冥想训练，既有刺激作用又有舒缓功效，还能减轻饥饿感以及其他的欲望。

龙井在第一次炒青时就形成了它扁平的形状和光滑的色泽。当炒锅的温度在 120～140 摄氏度时，茶油就会敷在炒锅的金属表层上，这时就可以倒入叶片。首先用手按压茶叶，之后反复多次划到锅边，之后翻抖一下回到炒锅中间。按压使叶片扁平。划到锅边能使茶叶磨出光泽。

龙井三月底采摘。有些年里，霜迟雨多，龙井可能就会歉收！这对内行们来说不失为一种嘲弄，因为采青是一整年最受期待的大事。叶片翠绿，冲泡时还会冒泡。当然了，没有什么比喝一杯当天采青、用当地山泉水冲泡的茶更让人感到愉悦的了。在一段中国茶之旅中最至高无上的经历之一应该就是为你自己采摘龙井，亲自采青，之后徒步前往虎跑泉采集冲泡用的泉水。这种泉水有极高的表面张力，能使硬币漂浮起来。缓缓地倒入杯中，张力展开之前，水就悬于杯子边缘，好像水银柱。有些经历对我和茶的关系造成了永久性的改变，这次的经历就在其中。

绿茶始终被对外宣传成是不经氧化的，或者用过去错误的说法就是“不经发酵的”。如果你亲临了茶叶的采摘和制作过程，你就会发现事实并非如此。所有的茶叶都会受到一定程度的氧化。茶叶被采下的那一刻氧化就开始了。茶叶要晾晒一两个小时甚至一整天，才能投锅炒青。

绿茶看起来总是能比其他茶叶更好地承受多次冲泡。也许此刻你所想的恰恰相反。也许你觉得一杯深沉浓郁的红茶更经泡。但我所见识过的并非如此。除了绿茶之外，我从没用其他茶叶泡出过第四泡、第五泡、第六泡。也许就是这种生命力加上新鲜的绿茶叶里的化学物质集中，使其能够经得起多次冲泡。一位朋友曾经将每一泡茶的不同口味描述成一只渐飞渐远的小鸟。还有一位朋友认为第二泡的茶叶散发出了更加成熟的韵味。有人会说口感越泡越淡，而我就觉得只是有所不同罢了。

**大红袍**

有一次我见到
乌龙茶的深琥珀色
跳跃舞动
一如太阳在我杯中穿行
抛洒出金色的影子
落在我脚边

大红袍是福建武夷岩茶，为乌龙茶类。武夷茶区十分奇异，因为它是山谷，由五十六座大小山峰环绕，形成了独特的微气候。基于这不同寻常的绵延六十平方千米的崎岖不平的地理环境，岩茶被翻译为“岩石上的茶”或者“山崖上的茶”。最著名的四株茶树长在九龙窠岩壁上。徒步行至大红袍茶树下的小茶亭里是一种非凡的体验。你可以休息一下，喝杯由溪水冲泡的茶。我去的那天，为我们泡茶的女士泡了满满一盖碗，以至于到第三泡的时候茶叶溢出杯面整整一英寸（约合 2.5 厘米）。正如当天的心情，我们被这里的慷慨、快乐、静谧、美好充溢着。圣道，穿行于九龙窠的峡谷中，流淌在九龙窠的溪流中。

当你漫步在峡谷间，你会察觉到这里生长着两种不同的茶树：一种是由母树进行无性繁殖技术培育出的大红袍，叶片较小；还有一种叶片较大且同样有名的水仙。我听到过各种描述的版本，如水中仙女、水仙花，甚至是祈求长生不老，等等。

大红袍缘何得名，众说纷纭，但主旨都是一样的。据传古代一位官员来到这里时恰巧病了。人们照料他，让他喝当地的茶并恢复了健康。他病好之后，寻得几株茶树，向它们敬香，把他的朱红色袍子放到茶树上，以此祭拜。

有一次我为一个朋友冲泡大红袍，她对什么第一泡毫不关心。当第二泡冲好时，她说："啊！我明白了，它已经从一件下人的袍子变成了一件修士的礼服！"有些人还声称，大红袍在第三泡时显露出了它更加高雅的一面，此时它换下了修士的礼服，穿上了主教的长袍。

乌龙茶能带来一系列多种多样的口感体验源于它有不同程度的发酵。绿乌龙茶接近于绿茶，而红乌龙茶则更接近于红茶。当然了，再接近还是有区别的。包种茶又是乌龙茶家族内部的细分，代表了发酵最少的一类。

要说乌龙茶是简单的半发酵，这并不公平。有的是轻微发酵，有的则是剧烈的。我本无意去讨论茶的制作方法，还是由别人来研究吧。一言以蔽之，乌龙茶的制作很复杂——这是一个采青、晾青、室内发酵、摇青、翻炒、包揉、揉捻、干燥等融为一起的工序。

"乌龙"这个词，字面意思是黑色的龙。我的理解是，"乌龙"这个名字源于福建安溪铁观音乌黑的颜色，好似盘龙的形态。尽管很多茶叶的形状"蜿蜒"

看上去像龙，但唯有这种茶更胜一筹。在这云雾环绕的高山峭壁间，你多少都会期待见到一两条龙。

### 滇红

即使水不流动
即使茶芽不动
白毫却在摆动
在神秘奇妙的手势中
在杯中看不到的水流里

大多数的茶叶公司供应一级滇红，常被称为“金品滇红”。和普洱茶一样，它属于大叶片类。滇红的口感时常会让人想起普洱，但是滇红也保持了自己一贯的标志性的口味。冲泡过后，滇红茶叶会在盖碗的内壁留下深琥珀色的痕迹，厚重而黏稠。叶片含有丰富的毫毛，即使第三泡过后，细小的白毫依然堆积成厚厚一层残留在杯底。

这就是我经常说的“救赎灵魂的茶”，因为它能把我带出深渊。这是唯一能将我从边缘带回正途的茶。如果我冷漠懒散故步自封，抑或是情绪低落束手无策，这种茶能“启动”我的“气”，或者温柔高雅地点燃我内心的火炉。除此以外就是我爱着这口感！刺激、醉人、深沉、复杂、馥郁。

我曾经喝过一种锦凰滇红茶。它获得了1995年茶叶大赛的总冠军。锦凰是这种茶叶的产地，在中国，滇红一般就是云南红茶。承办比赛的茶叶大师协会对这种茶叶印象颇深，故而买下了那年采摘下的全部的茶叶。我在比赛中品尝过，给我印象极深，于是我和茶园主人保持联络，想说服他多给我点这种茶叶。经过了五六年，我终于得到了锦凰滇红茶的样品。收到这种茶叶后，我花了一些时间，以一种尊崇的心态营造出冲泡的空间氛围。最终，当我在朋友家独处的时候，我倒上纯净水，把我心爱的瓷器，还有所有的装备取出放到侧门，在那里能清晰地看到桑格里克利斯托山脉的风景。那是一个和暖的春日。野草随着晨风摆动，大片的云朵自亚利桑那州飘来。

我泡了一大壶的锦凰滇红茶，这样我就可以在茶的陪伴下静坐良久而不被打扰。尽管这茶不是当年新茶，它的大部分都脱水萎缩了，却仍然保留了一些优秀品质。我喝了一口细细品味，之后意识到，没有错，我的这位故友依然留存着一些活力。

有人可能会一口吐出，说什么它的口感已经“跑光了”，说它已经不新鲜没有用了。他们不愿意给它一个机会。但是我却能为它营造出一个能诉说的空间，最终，茶之女神希亚以复杂难辨的香气与我道别，贡献了她最后的力与美。

我坐了四十五分钟，直至我感到有能量从我的臀下射出，落到地上。稍后，能量的小伞弹到了一旁，也落向地上，仿佛使地表下沉大概一英尺(约合0.3米)，把我也浸在了茶叶的精髓里。

自此以后，即便有滚烫的茶水流经我的手，或是溢到我的胸口，我也从未放弃过滇红！她的精神与我共度了数周，使我感受到了她的坚强、踏实和专注。

为了表达对她的敬意，我想过要把泡过的茶叶放进丝质的裹布里将她们埋葬。但今天我想，最好的致敬就是将她们洒向太阳。

我想到所有被注入这种茶之中的爱和关注。它是如何被推举为冠军的？为什么它成为一个完美茶年的句点？这些都是怎么顺利地聚集在一起的：气候和降水，土壤和海拔，采青的时机和制作流程？我在泡茶的时候，一切条件也都正确：正确的水和水温，正确的茶叶量，正确的冲泡时间。最后就是，时机的选择：一个尤为安静祥和，乐于接纳的时刻。

冈仓天心写道："茶是一种艺术，需要大师之手来发挥它最尊贵的品格……每片茶叶要做的准备都有它的特性，都有它独特的水与热的结合方式，都有它要想起的代代相传的记忆和它讲述故事的风格。"冈仓天心的思索与特立独行的英国科学家鲁珀特·谢德瑞克近期的一个理论不谋而合，该科学家将"形态共振领域"描述成了一个我们可以接入单一植物或整个物种的记忆的地方。

## 普洱茶

> 在古代道家的文章中，总是提前警告读者，可能要在无师可从的情况下自行修炼。但是在茶罐上却没有类似的预警。

这种来自云南省的茶广东话发音是“pou nei”，大多数人更熟知的还是普通话发音“pu er”。这是改变我人生的茶。这种茶较之其他的茶叶被更多地误传了，大概是因为人们对它所知甚少的缘故吧。而我将要在此表述的意见也并非绝对化的。

多年以来，有关普洱是如何出现的理论层出不穷。准确度最高的说法最近出现在由艾伦和艾瑞斯·麦克法兰所著的《茶叶帝国》一书中：“在今天缅甸北部的部落之间遗留了一个风俗，野外丛林的大片茶叶需要经过煮熟和按压。之后茶叶会被卷进纸里，或是被填进‘竹节’里，这些竹节之前会被埋进筒仓里数月进行发酵。”

直到现在，有的普洱茶叶还被存放在竹竿里，或者放在竹竿里出售，给这种茶叶带来了独特的口感。

一碗泡过的茶叶在我厨房的台子上一放数日之后，茶叶上长了一层霉。我能想象一位茶农多年穷困，研究一堆茶叶，然后终于功夫不负有心人发现了一种口味不凡的茶叶。也许这正是发生在中国的事情吧。

普洱叶片属于大百叶类。它的祖先可以追溯血统到中国茶树之母，我称之为睿智的物种监护人。今天中国许多爱茶人士都以普洱茶为主要茶品。

所有普洱的开始就跟绿茶一样。我们通常不把普洱茶和新产的绿茶联系起来，因为绿茶是春季就可以采摘的，而普洱茶不是，但是如此却形成了普洱非同寻常的广泛用途。这里有普洱绿茶、普洱红茶，甚至普洱白茶，或者银针普洱。它们可以被做成散茶，也可以是茶砖或者茶饼，形态大小各异。可以在刚刚采摘下的当天就饮用，味道会像新鲜的绿茶，还可以一放好几年。它属于那种罕见的茶叶，像某些乌龙茶一样，年岁越长口味越好。有个投资的妙招就是把钱投在你知道会保存多年依然良好的普洱茶上，全凭经验判断。收藏家们会买大量他们最爱的等级的茶，贮存在低温、干燥、避光的地方。不像其他茶叶需要存放在密封的容器里。包得松松的最好，或者放在空气最不流通的地方。

有的人不相信可以在采青当天饮用普洱。他们会说，从技术上来讲那就不是普洱了，因为它未经发酵。我的主张是我们应该拓宽分类门槛，包容所有用普洱茶叶冲泡而成的茶，而不去在意它们的制作工艺。

起初我不喜欢普洱绿茶的味道。我觉得它们粗糙、生涩、低劣，但是当我一旦开始受到一些陈年的普洱白茶和银针普洱茶饼的滋润，我开始培养对普洱绿茶的兴趣。尽管我还是偏爱普洱红茶多一些。听听罗伊·冯是怎样描述他自己的普洱红茶："看起来像甘蔗的香甜，闻起来像可可豆的醇香。流入舌尖的是一股顺滑，之后复杂的口感溢满整个口腔，使人想起云南红茶。鲜艳的红色杯子，边缘泛着金色，这就是独一无二的品质的象征。以复杂的哈瓦那雪茄版的余味为结尾。金木水火土五行在这杯美妙的茶里达到和谐。感觉甚好！

完全不是陈旧低劣的普洱产品。”

所有普洱茶的口味无疑都是后天修来的。当我给人们倒上一杯普洱茶时，他们都为它深重的颜色感到惊奇。它总会被泡成咖啡一样的深色。有人在它外表前畏缩了，惊呼：“这看上去对我来说太冲了！”但一经尝试，他们就发现，普洱并非看上去那么浓烈。

受欢迎的普洱红茶，也被有些人描述成颜色略深的普洱绿茶，经过发酵之后变成黑色。普洱是唯一一种真正经过发酵的茶，在茶叶上还有霉或者菌。在可控条件下，叶片上可以多浇水。可以用慢火烘烤叶片数分钟，或者用水打湿叶片之后彻底风干一到两天，通过这种方式可加重或是改变普洱茶的口感，做这样的实验有时也可以很有趣。

冲泡前用热水简单地冲洗一下茶叶是很明智的。这样可以“清洁”叶片，去除霉味。而还有另外一些普洱我倾向于不去冲洗。

普洱茶叶中含有大量的气穴，如果不经热水冲洗，盖碗的盖子就会被顶开，叮当叮当地响，好像空气要逃走。我喜欢开水倒入杯中时被覆上的普洱。因为有气穴，它开始冒泡泡，还嘶嘶响。与水重聚，茶叶感受到了无尽的兴奋。我把这个时刻称为“茶叶的狂欢”。

人们说普洱含有各种各样的健康物质，从助消化到刮油脂，降低热量。从个人体验来说，我没注意到热量降低了。但我却注意到它确实改善了我的肠道菌群，特别是当我得了肠道细菌感染或者流行性肠炎的时候。尽管有人建议在冲泡普洱前稍微冲洗一下茶叶，但任何形式的冲洗，都会减少能够抵挡感冒的细菌的活力。

据说普洱对缓解宿醉也颇为有效。这一点我个人能够保证它绝对有效。

普洱并非泻药，但是确实可以温和地助消化。有时我泡杯普洱单纯就是为了刺激一下我的整个消化系统。它不但可以帮助我们的身体分解食物中的脂肪，还能像消食片一样消化食物。茶中的菌像肠道的补药，刺激消化和排泄。你会发现你比平时更“规律”了，而且平时这个时间你不应该出现在洗手间里，现在你却在那儿了。

当我发表演说提到这种茶时，观众总会好奇普洱茶（Puerh）和拉丁语中的 puer 有何联系。puer 这个词在卡尔·古斯塔夫·荣格对“puer aeternus（彼得潘症候群）”所做的分析中出现过。两者之间毫无联系。我其实更加执着于将普洱和道家女仙人孙不二联系起来，她是艾娃·王的书《全真七子》中的一个很突出的人物。在这里，不二将译为“没有第二种”。有趣的是，竟然有一种普洱的牌子是 Nor Sun Puerh！

**100 种冠军茶**

**全国茶叶大赛（中国杭州）**

**中国农业科学研究院茶叶研究中心承办**

如果不是有罗伊和格丽斯·冯以及唐纳德·沃利斯的协作努力，这些传统可能早就不复存在了。有些名称描述了茶在口中的味道，另外一些描述了茶在我们体内的经历。聆听这些名字，我们就会想到茶与中国文化中的诗歌的奇妙关联。

1. 天湖玉竹
2. 宫廷秋云
3. 夜色雪钻
4. 银灯之诗
5. 凤凰照应
6. 龙溪茶
7. 天湖玉竹照星影
8. 垂柳
9. 狂奔的尔敏
10. 银伞隐匿
11. 蓝石叹息
12. 幻影棕榈
13. 帝国晨雾
14. 巫师梅果
15. 神龙宝剑
16. 春日浪漫
17. 羞红莲花
18. 春日芳影
19. 勇敢金雀
20. 金雀山之宝
21. 缠绵翠瀑
22. 孤独艺人
23. 不朽神龙
24. 玉雪花
25. 银山月影
26. 千龙茶
27. 白蝶之歌
28. 绿龟神龛
29. 帝王魔章
30. 金山晨雾
31. 回声
32. 绿鸥呼唤
33. 铜陵雀舌
34. 欢笑华面
35. 沉睡银象
36. 凤凰金眼
37. 巴山雀舌
38. 君王玉戒
39. 锦缎手套
40. 浮萍
41. 春日插曲
42. 溪流二重奏
43. 好奇浮云
44. 绿龙谎言
45. 天堂之竹
46. 翡翠夜曲
47. 轻雾峡谷
48. 玉带使节
49. 翡翠前奏
50. 千千低语

51. 粉剑胆魄
52. 碧螺春
53. 劳燕入门
54. 安静雪鹅
55. 卵石滩
56. 黄绿冥思
57. 舞动雪花
58. 锦缎微风
59. 紫貂诱惑
60. 舞云旋转
61. 银刀静谧
62. 拂晓鸡鸣
63. 不休钟声
64. 宝玉日出
65. 银边
66. 春日宝藏
67. 银绒花环
68. 升腾金雾
69. 玉梦
70. 敬山暮光
71. 石崖预言
72. 霜针松枝
73. 千山
74. 银锦
75. 春龙
76. 神秘月束
77. 深远拥抱
78. 古雅小镇
79. 阳光滑云
80. 西藏女王
81. 玉景
82. 百果
83. 翡翠长矛
84. 雪龙
85. 静虎狂想
86. 魔法雪花
87. 金堡绿云
88. 快乐金猴
89. 凤凰珍珠
90. 雨花
91. 害羞熊猫
92. 玉骑士
93. 春日树冠
94. 升起玉星
95. 慵懒浮萍
96. 擎天一柱
97. 飞龙
98. 丝帆之约
99. 九龙环
100. 翠山金露

所有的茶都需要我们无尽的关注。它们看似都想和我们保持一对一的关系。好像有谁怂恿我们问：是什么使这种茶喝起来是这个口味的？是什么使这种茶让我有这种体验的？我在这里所罗列和介绍的各种茶带给我的体验，让我在饮茶时的某一刻将理性好奇的思绪转换到一个更深沉的明智之地。我向茶臣服，缩回到体内，门户大开，我跨过曾经以为过不去的门槛，只有想不到，没有做不到。

# 五

# 甄别口味

热水装满茶壶
中国得以解放
古代的珍宝
存留在陶土里
传进我的血液

她唱的歌
转换神经
将我的肉体变成她的梦
她的土地里所承载着的
正是现在支撑我的

关于茶的体验是浓郁深厚的。一种有价值的茶能够把我们带进一个原本不知其存在的典雅世界。

有时很难说清我们到底是在尝还是在闻。我们的味蕾仅限于四味：甜、酸、咸、苦。这四味的组合形成了口味。我们还能感觉到流质的黏度——它的质地、冷热、柔软度。

“Palate”于我一直是个暧昧不明的词汇，于是我动手去查。这个词看着有两种意思。一种是普遍理解的意思，指某人有个好味觉，但是它的解析着实让我困惑。另外我查到，这个词还有“腭”的意思，就是指口腔的上壁，由硬腭和软腭两部分组成。前部是骨质的坚硬的硬腭，后部是肉质的柔软的软腭。真正含有味蕾的正是腭的后部，也就是软腭之中。所以，在我们的口中有个具体化了的味觉，还有一个对整个味觉广义的描述——所有能感受到味觉的器官。

大部分的味蕾存在于我们的舌头表面，但也存在于软腭。咽部，口腔后部的通道。会厌，扁平如叶，在舌根部，在我们吞咽时关闭，阻止食物进入气管。

诸如每平方英寸中有多少味蕾这种问题，纯属遗传学要研究的。威廉·乌克斯在《茶叶全书》中指出会品茶是天分，不是后天形成的。

嗅觉神经，我们的嗅觉，就像味蕾一样，在甄别茶的品质时会用上。嗅觉神经是唯一一个大脑暴露在外界的部位。嗅觉神经位于其实是贯穿于一块被称为筛状板的骨头上，这是一个多孔结构。事实上，“cribriform（筛状）”这个词的拉丁语词根“cribum”，意思就是“像筛子一样的”。筛状板是我们鼻窦，或者说是鼻腔中筛骨的一个部位。嗅觉神经同样还是一个独立的部位，它的一个部分附在大脑最年长的部位之一——杏仁核上，这是我们与爬行动物都具备的一个解剖结构。据说嗅觉是我们最原始的感觉。它必然要比味蕾更老道，因为它不仅能分辨出不同的复杂的气味，还能够识别出空气中存在的危险，比如食肉动物的气味。

另一个有趣的现象是：其他所有的感官都要经由丘脑发送信号，唯有嗅觉不需要。它是一个自主的部位，看上去已然脱离其他感官的管制而独立发育了。

要想追寻茶在我们体内的轨迹，辨别它变化的复杂性，就需要我们不仅仅启动我们的感官，还要发动所有的身体机能。詹姆斯·诺伍德·普拉特写道："我们可能无法总是记录下茶在我们体内产生的细微作用。"的确，但我想说，为什么不去创造条件呢？意识，可以让我们体验到那些微妙的变化。

我极少早上喝茶，因为那时我的味觉还没觉醒。除非起床后的一段时间，我的味觉也可能苏醒了吧，这样我才能品尝出茶所有的最细微的特点。我发现，如果早上我喝了茶，之后又喝了一些，那么到了午后，茶的味道就很不理想。用茶的时间越晚，茶就越好喝。上午茶总是会打乱我一整天的“身体时间表”。大概我就是这个体质吧。

喝茶前的一个小时，我不会进食，这样可以使我的味觉更敏感。之后我发现高雅的茶使我变得高雅。我喝过的茶，其芳香因呼吸而变化，其味道每一口都不同。这就是为什么说不要仅凭第一口就判断一杯茶。和它相处一下，让它感染你。一天中，不同时间喝同样的茶，滋味却各异。正如太阳从空中照下。我们的人生观、情绪，还有口腔里的化学作用亦是如此。

一个人在喝茶时很轻易就会迷失在口味的深渊中，因为茶叶表现自己的方式实在太多了。它的故事它的歌，随着每一次冲泡在变化。有时感觉好像第一泡的口感被细小白毫控制。第二泡，由茶叶本身控制。第三泡，被茶叶的中心——叶脉控制。一下子就喝很多的茶可能会淹没你对茶的体验，也会抹杀它更微妙的品质和作用。

有着美妙绝伦的口感的茶总能轻易将人俘获，之后留下味觉体验。大吉岭茶（茶叶爱好者的“达令”）就可以做到这样。而我对茶的期待不止于口感。如果一种茶没什么内涵，就与我无法保持关系。大吉岭茶固然有内涵，却不及中国茶总能带我到一个更深邃、更高尚、有对话、有交流的层次。大吉岭茶会挑逗，会暗送秋波，但于我却是一种卖弄风骚。也许以后我能学会接受它吧。

大吉岭的魅力是诱惑的
但我看过了集市上跳舞的姑娘
看过了印度的美丽风光
在寺庙门前闻过了我脚下的青草
被达兰萨拉清凉的微风拂面
是的，我承认，我流连过
就像奥德西斯来到了奥杰吉厄岛
但是三杯茶过后
我开始划动船桨
来到雅鲁藏布江的上游

寻找回程的路

回到云南青翠的山中

一口中国茶

我喝下了永恒

无数灵魂来到了天堂

当得知大吉岭绝大多数属于中国茶叶范畴，我颇感惊讶。开始好奇是不是翻译错了。怎么会把中国茶翻译成了印度茶。是因为它对天气、土壤、海拔要求与别的茶有所不同，制作工艺也有所区别吗？也许是吧。那么为什么大吉岭茶看上去喝起来明明都像是乌龙茶，人们还要把它划分成红茶呢？

如果我有心品尝美妙绝伦又有深度的茶，我就会去喝台湾改良过的“东方美人”。乌龙让我感受到的正是我所崇尚的：飘飘欲仙，甘甜香醇，浪漫多情，深沉满足。白毫乌龙茶，即“东方美人”，罗伊·冯写道：“它芳香奢华，味道和气味总让人想到成熟的蜜桃，无论在任何情况下，都比其他的茶更加美味香甜，完全不苦涩。”

这种茶浓艳的金色令人着迷。我想的确是这样，喝下这种分外明亮的茶会治愈各种顽疾和心伤。颜色是如此耀眼，总有人疑惑它是不是能够发光。或许正是像乌龙这样的茶激发了坎普菲尔教授的灵感，将茶以光明女神的名字命名。台湾乌龙茶时常被视为“茶中香槟”，一旦尝过你便知道其中缘由了。它们都有着耀眼、光明和生机勃勃的品质，我称它为“竖茶”，它最初的花香实在是势不可挡，直冲我的脑袋，进入鼻窦，像泡泡一样。它还显示出了开放多样的感觉，像香槟一样。

在训练的早期，我曾经两天之内喝了四十到六十杯的安溪铁观音。乌龙茶的芳香不但渗透进了我的衣服，还弥漫着整个茶楼。晚上，我把泡过的茶叶带回家，平铺放在烤板上，用炉子慢慢烤干。我的整个公寓也被香气填满了。此后多年都不再想喝其他乌龙茶了。我朋友们争辩道：“弗兰克，世上还有别的乌龙茶呢。”所以我跟凤凰乌龙、武夷岩茶，还有水仙都短暂“交往”

了一阵，它们却都没能抓住我的心。没有什么能安抚我慰藉我，直到我结识了台湾乌龙。我很幸运。来自台湾的三位东方美女的化身带着厚礼走进我的人生，为我的人生之船掌舵，带我回到永恒的阴柔的水域中。即使是台湾铁观音，也是超脱自然的，它是智慧女神雅典娜的化身。观音和希亚召唤着我，让我带上最原始的智慧，加入其中。

乌龙可以提供一个中间地带。在光明创造的天堂与黑暗包容的大地之间，在白茶和红茶之间。我希望它们的流行成为一种征兆，预示着对女性的尊重的重现。

许多因素影响着一个人的品茶。首先人会变化，其次茶叶会变化。每个人的哲学观各不相同。有的人舌头上每平方英寸还可能有更多的味蕾，能够捕捉更微小复杂的变化。或者嗅觉感受器更灵敏。有的人的鼻子就是比别人的好用。

同样，根据你吃的东西的不同，口腔里的化学作用时刻在变。品茶时，如果你每喝完一口就漱口之后把茶水吐出，你是在浪费你的唾液，从而也改变了你的唾液和茶的自然混合。每吐一口，每喝一口茶，都会改变你口腔内的化学作用。如果你咽一口茶，那么被改变的不止你的口腔，它提高了你所有的感觉。

茶变凉了，口感也变了。即使被冲泡到一定程度了，它还是不停地在氧化。

也许不是茶的味道让我留恋，也不是它的味道让我的眼中常含泪水，而是茶如何影响我的灵魂，如何启发我，如何在我心里歌唱，如何诉说它自己的故事。有时，关于茶，体验大于味道。

一个专业品茶者的技巧似乎总让人过目不忘。但品茶者不一定是爱好者。他们寻找的是他们公司中最受人喜欢的茶以及其口味之中蕴含的东西。他们要找的并不是最好喝的茶。

品茶者有自己评判茶的术语，需要能清晰地表达出每种茶带给他们的体验。尽管我不是一个受雇于大企业的专业品茶者，我却在不同的大赛中当过裁判团成员。相比于给出一个书面描述，我必须填好一个记分卡，把不同类的茶按 1 到 10 排名，之后做出评语。以下为例：

叶片外形 干燥：　1 2 3 4 5 6 7 8 9 10
叶片香味 干燥：　1 2 3 4 5 6 7 8 9 10
叶片香味 湿润：　1 2 3 4 5 6 7 8 9 10
光滑
锋利
精致
丰富
甘甜
苦涩
呛人
芳香
果香
叶茂
叶片外形 浸泡：　1 2 3 4 5 6 7 8 9 10
茶汤香味 浸泡：　1 2 3 4 5 6 7 8 9 10
茶汤颜色：　1 2 3 4 5 6 7 8 9 10
茶汤净度：　1 2 3 4 5 6 7 8 9 10
茶汤味道：　1 2 3 4 5 6 7 8 9 10
光滑
锋利
精致

丰富
甘甜
苦涩
呛人
芳香
果香
叶茂
叶片外形 潮湿：　1 2 3 4 5 6 7 8 9 10
叶片香味 潮湿：　1 2 3 4 5 6 7 8 9 10
品尝后：　1 2 3 4 5 6 7 8 9 10
评语：

对于任何事物和饮品的鉴赏，味觉的用语都是一样的——不管是咖啡、茶、巧克力，还是酒。在品尝前，有无味、淡香和芬芳之分。往覆盖在冲泡盅底的干茶叶上洒几滴热水，就会发出淡香，你的呼吸就能滋润干茶叶。

喝第一口茶，感觉味道在口腔前部，被称之为入口，而后是中间味觉——大量的品尝体验。随后是结束，口腔后部的味蕾能够感受到，特别是在软腭、咽部和会厌。

关于茶的描写，我最喜欢的是罗伊·冯写的关于他的“东方美人”的：“这种茶有优雅卷曲着的叶片，大量的银尖，冲泡出浅金槟色的茶汤，带有馥郁、甘甜的果香和精致、醇厚、浪漫的口感，冲泡多次也经久不衰。”我还很喜欢他对龙井的描写：“不仅甘甜、新鲜、芳香四溢，还有一点柠檬味，中间味觉很顺滑、平衡、复杂，含有矿物质、草香和轻微的坚果质感。”

下面这段文字，美国茶道大师协会的唐纳德·沃利斯通过把我们带到茶叶的起源，唤起茶的口味。

> 在喜马拉雅山上，早春时节，云雾环绕，沿着陡峭蜿蜒年久失修的山路，茶农们身穿五颜六色的当地服装，上山来采摘一年中最精美的茶芽，它们在青翠的茶田间含羞绽放。在令人神清气爽的空气和美不胜收的景致中，灵巧的双手熟练地选择，小心地从挂满露珠的茶树上采摘。当和暖的阳光掠过世界屋脊，与自己的影子嬉戏追逐，

从一个雪峰到另一个雪峰时，茶农的筐子里已经被装满了，刚被采下的茶芽的芳香弥漫了整个茶园。急迫的气氛加快了他们的节奏，不久满满的筐子被聚在一块，带到工房里。在荫凉的藤架下有一个价值连城的毯子，在缭乱的耀眼的蓝色色调中熠熠发光，新采下的茶叶就被摊放在这个毯子上。晒青工序精准确切，完美地展现了这一地区著名的带有大吉岭风格的和谐甜美的风采。当茶叶被精心雕琢，便展现了那已然绽放成为世上最稀有最可口的艺术品的美，这就是喜马拉雅好茶。

不管你是偏好使用商务通用语言，还是喜欢更为有创意、有情谊、有诗意的词汇，非专业者的底线就是简单的一句“你喜不喜欢茶的口味”。中国茶圣陆

羽下了一句十分怪异的评语。他说："茶的好坏，唯嘴能定夺。"反正这是弗朗西斯·罗斯·卡朋特的翻译。但这句话还被翻译成："好茶坏茶的区别，是口口相传的秘密。"我时常去思考"口口相传的秘密"的意思。可能是说关于茶的信息是由口头相传的，就像道家的口头传信的传统，师父的师父传给师父，师父再传给徒弟，以此传下去。信息还会从茶树自身，或者植物王国，甚至整个大地，通过感官传输。或者，以我的经验，茶会带我们到一个开放的变化的空间，在那里有来自精神世界的信息传来。

最后，我对那些神秘的化学分解或者是那种意乱神迷状态的神经学解释不感兴趣。我想知道的事情都在杯中。一片茶叶直接赋予了一杯茶的特征或口味，茶叶内部没有什么转换的过程。茶是一个紧密交织的组织，在不破坏整体的情况下，你既无法提取出一种茶使它只剩下基础部分，也不能只把它的自然品质提取出来。它们都是紧密相连团结合作的整体，相互补充。茶的一大奇妙之处就是它能完美地保持平衡和谐。

我知道，茶像其他的植物一样，只要我们虚心寻求指教，她就会与我们分享最神秘的秘密。这些秘密在我们喝光一杯茶之后会传给我们，直至我们的茶壶凉了很久之后，属于茶的时刻方才到来。

喝完茶以后我经常会继续沉浸在为自己创造的空间里，感受着能量在我的体内移动，感受着变化悄悄发生，紧张渐渐缓解。我会试着屈服于她的每个碰撞，每个转弯。紧张时刻其实就是咖啡因作用于身体上带来的不适。我会感到心脏被紧紧围住。我把注意力集中在心脏，敞开心扉，紧张自然溜走。因为紧张不停地游弋，我必须在身体其他部位上也做类似的动作，直到全身达到平衡和谐。

茶有自己软化我们的方式，它令我们心甘情愿乐于接受。如果我们放松下来，继续在椅子上静坐，尽情享受它带给我们的味道和这一时刻，我们不但会记起在哪里我们错过了奇观，还会记起在哪里我们遗失了梦想。

六

# 山茶属：植物学话茶

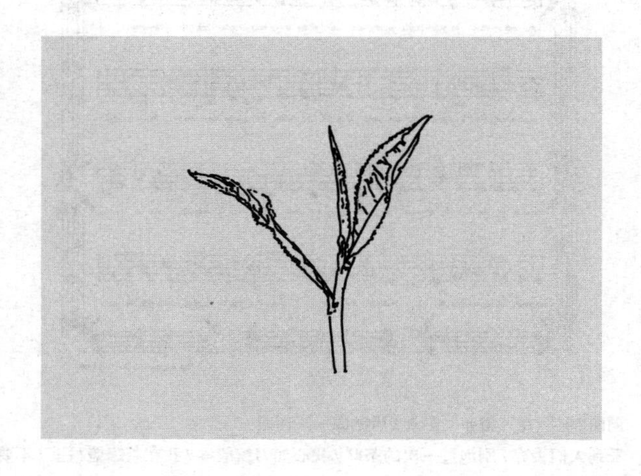

## 圣卡米拉教堂的赞美诗　第一次冲泡

词曲 / 弗兰克 · 墨菲　记录 / 唐纳德 · 沃利斯

看到人们丢弃 / 刚泡过一次的茶叶 / 我心如刀绞般疼 / 我在茶罐盖写上 / 不要将茶叶丢一边 / 消除这个疑虑 / 茶之女神 / 请带上我 / 穿越大海 / 来到您的家 / 那里山间的云 / 遮蔽了您的神话 / 它能帮助所有茶园 / 产出更多的茶叶 / 恩赐已然施与 / 为何不归还 / 她试图唤醒的爱 / 她为之争取的高雅 / 茶之女神 / 请带上我 / 穿越大海 / 来到您的家 / 来到我的内心 / 我祈祷您 / 能够将您的礼品 / 传给我

## 植物学话茶

250 年来，茶的植物学名称都是“Thea sinensis”。后来在 1956 年前后更名为“Camellia sinensis”（茶树），更名的具体原因不详。植物的名称时常会变化，因为定义植物的分类标准越来越细分。我的一个朋友说得好，他说只有茶被正式的分类规定“逮着”了。我发现唯一保留茶的本名“Thea sinensis”的是顺势疗法医药学。

现如今，宣称茶只属于山茶科以及标榜在这个物种里又出现变种和新培育出的品种，都是很时髦的事。

变种是指物种自然变异出的品种，而栽培品种是指人们人工培育的品种。

“Camellia”这个词源自摩拉维亚的基督教传教士，同时也是植物学家乔治·约瑟夫·卡梅尔（Georg Josef Kamel，1661—1700）的名字，他在世界上首次描述了茶这种植物。茶树和我们在美国见到的种在温暖地带的开了花的普通山茶花树有亲缘关系。

“sinensis”这个词在拉丁语中是“中国”的意思。

这两种茶树都属于山茶科家族，山茶科包含40属。其中之一就是山茶属，包括280余种。山茶目就是我们通常所说的“茶”。换言之，所有的茶都来自单一物种的植物，山茶目！

在过去的十到二十年里，人们总认为茶分许多种。其中主要的种类是小叶中国山茶和大叶印度山茶。但是在中国云南，也能见到与阿萨姆茶叶相似的大叶种类。在地图上你可以看到，中国茶和印度茶的产地之间仅仅相隔一个100英里（约合161千米）的缅甸的延伸区。而云南有上千年的古茶树，这是阿萨姆所不具备的。据说云南的自然变种也比阿萨姆的多。

追寻植物学看起来貌似更复杂，因为植物学家们之间存有太多意见之争。“搬运工”总是想把一些物种放到同一屋檐下。“拆分工”却想要把同一个物种再细分出更多的物种。

18世纪，恩格尔伯特·肯普费教授用“Thea”这个词来指代茶。在希腊，“thea”和“theo”都是女神或神的意思，而“Thea sinensis”则表示“中国的女神”。希亚（Thea）又是古希腊中的光明女神。在希腊神话中，她是乌拉诺斯（在希腊是天庭的代表）和盖亚（大地女神）的女儿。可以说她是天地之女。希亚的丈夫是许珀里翁。他们育有三女——厄俄斯、欧若拉和塞勒涅——以及一子赫利俄斯。而占星学认为，希亚是半人马喀戎的女儿。尽管外界质疑恩格尔伯特·肯普费教授对这些神话是否知晓一二，而我却坚信不疑。我甚至敢打赌，某夜希亚在他研究茶的时候闯进来，给了他命名这个植物的灵感。

希　亚

这个诱我夜间外出在外逗留许久的女人是谁？

这个令我延长工时以便送她礼物的女人是谁？

陶瓷，美玉，麻布，还是银器？

这个让我甘心舍弃吃饭钱的女人是谁？

如果能用丝绸装扮她，我会毫不犹豫！

茶属植物和夹竹桃属、杜鹃花属一样是一种常绿阔叶植物，不过它们并不是亲戚。茶与众不同的一个特点是它在秋天开花结果。在茶园里，人们使用能加强茶叶产量的肥料来抑制茶树开花。含氮量高的肥料能够迫使植物多长叶，不开花。当然靠人工摘除茶树上的茶花来促进茶叶产量是极不现实的。罗伊·冯会说，如果对茶树照料周到——认真修剪，用心施肥，定时浇水——茶树就会少开花，因为它生活安逸舒适，觉得没有必要招蜂引蝶。重点是要将茶树的全部能量和它的生命力集中注入到茶叶中。

然而，可不是茶属里的所有植物都能冲泡出一杯好茶。有的会被作为观赏植物栽培，并且卖出好价钱。

关于茶的另一个很有趣的方面是它能开出植物学家们所谓的“完美之花”，即雌雄同株植物。它可以进行自花授粉。

茶树上能被采摘的，是树枝最尖端长出的茶芽，还有紧随其后的第一和第二排茶叶。我说的是茶芽，不是花蕾。

茶树可以在海拔8200英尺（约合2500米）的地方种植。在印度南部的尼尔吉里丘陵上有海拔最高的茶园。人们可以在多种气候下种植茶树，比如夏威夷、俄勒冈州、英国、亚速尔群岛，有的地方的气候还特别异常。

中国茶似乎起源于中亚的一个特定区域，是四个区域的交界：中国西藏东南部，缅甸北部，印度阿萨姆地区，以及中国云南和四川省。贯穿于这个地区，奔流着的是世界上最具传奇色彩的河系：雅鲁藏布江、伊洛瓦底江、萨尔温江、湄公河、长江。这是个峡谷陡峭、群山耸立的险峻地带。一边的长江和湄公河被绵延50英里（约合80千米）的群山阻隔，另一边的湄公河和萨尔温江亦是如此。而这些河流都发源于西藏的喜马拉雅山。

中国长期声称自己是茶叶的故乡。我认识的大多数人也表示赞同。然而真相无人知晓。这一地区绝对没有第二个国家能像中国这样，将茶与自己的古代历史、文化传统、民族风俗深深地交织在一起，绘成了一张内容丰富的画卷。茶这个词就源自闽南语。

力证中国为茶之故乡的一大事实根据是：这个四地区交界处的植被分外稠密，物种格外繁多。就在云南和四川，这里有横断山脉，在山脉最南段，人们认为流着 14000 年前的最后的大冰河。它们为许多动植物提供庇佑。2002 年 4 月的《国家地理》列举了这里 3500 个不同种类的植物，包括杜鹃花属的 230 种和松柏科的 50 种。玫瑰也被认为起源于此。文中说直到最近中国才强烈地意识到它的财富，大量的国家公园和自然保护区先后建立。

人类与茶的首次遭遇已然湮没在历史中了。在中国，最广为流传的故事是说，公元前 2737 年，中国古代的一位传奇的帝王神农氏，在一片茂密的森林里找了一块空地想煮点水喝，恰巧一片茶叶从旁边的树上落到他的水壶里。他立刻发觉了茶叶中有提神的物质。不同版本的故事细节上略有出入，但可以确信公元前2737年在中国星象上是个吉祥年。“到底是谁，”弗朗西斯·罗斯·卡朋特在他翻译的陆羽所著的《茶经》一书的绪论中发问，“除了神农，一位公主在龙的影响下，将茶献给这个世界？”

但是，正像许多民族植物学家会告诉你的那样，把第一次遭遇往前推算几十万年更为确切，当时的远古人类依靠植物知识生存。他们需要知道哪种植物有害，哪种植物有益。人们坚信远古人类最初是从野树上摘下茶叶咀嚼。

即使是这样一种简单的植物，人们对它却知之甚少。跟着茶叶植物学家们，去找寻关于茶的植物学、耕种和收获的答案是十分无趣的。有一个问题一直让我困惑：这种像茶树一样只在秋天开花的植物有没有具体的植物学名称呢？

以下是茶的传统分类。注意1936年启用的体系中发生的变化，当时威廉·乌克斯出版了他上、下两卷的著作《茶叶全书》（*All About Tea*）。

| 乌克斯 1936 | 《大英百科全书》2005 年版 |
| --- | --- |
| 界：植物 | 界：植物 |
| 亚界：无 | 亚界：维管束植物 |
| 门：被子植物门 | 门：木兰植物门 |
| 纲：双子叶植物纲 | 纲：木兰纲 |
| 亚纲：五桠果亚纲 | 亚纲：五桠果亚纲 |
| 目：顶叶 | 目：山茶目 |
| 科：山茶科 | 科：山茶科 |
| 属：茶属 | 属：山茶属 |
| 种：茶 | 种：茶 |
| 变种：茶 | 变种：茶 |

随着技术发展到在某些物种上做极细致的细分，科学会继续力求植物分类的完美。我相信到那时，我们会看到茶树分类的进一步变化。

# 七

# 溪流的分支

水自高山流下，

流进深沉大地，

多么神奇，水来到我们身边，滋养万物。

——一行禅师

万物通过水回归灵魂。

——史蒂文·艾森斯塔德

我的一个朋友常说，如果你想了解一个地方和那里的人，就去喝那儿的水。水流经岩石，会沾上它的性格。它还会带上所经地方的矿物。即使你在喝前先将水过滤或者煮沸，还是残存了一些能从当地的水中辨别出的东西，那是水传递给当地人的东西。

水对极为微小的影响也非常敏感。还极易受到祷告的影响。你们中有谁读过江本胜的书便会知道这是真的。江本胜先生演示了祷告作用于水的影响，实际上他还拍下了结果。我用水之前就经常祷告。这样“提高了水内部震动的频率”，泡出更可口的茶。我还会对着冲泡中的茶叶祷告，因为我深知赋予茶灵性能改变它的化学成分。

一杯茶里水的含量居多。一提到有关水的研究总是很容易就跑题，就好像会过于关注茶叶的研究，而忘了真正让我们感兴趣的是茶叶与水的结合。有时候，我会想在选出的茶叶旁边放上很多种水，让茶小姐通过某种本能的卜算来选择她自己的伴侣。

茶的口感取决于你所选的水的类型。你喝的瓶装水单独喝起来挺不错，但不一定能泡壶好茶。你选的水也不能口味太多或是太有个性，因为它会喧宾夺主。做做这个实验：用两种不同的水给你自己泡两杯茶。一杯用自来水，另一杯用纯净水，注意两者口味的区别。结果很鲜明。自来水使茶平淡无奇索然无味，纯净水却令茶美味甘甜。

关于水的话题本身就是一种科学，一种令人着迷的科学。底线总是由你决定。乐趣的一部分就是用不同种的水做实验，看看哪种水能冲出最对你口味的好茶。

我们很幸运，生活在这样一个时代，有各种各样的水供我们使用，去泡茶：全球各地的瓶装泉水，蒸馏水和去离子水，水分子被重新排列过的水，用炭、紫外线辐射、电磁辐射反渗透膜净化过的水，等等。

我乐意跟你们分享一下我的一些合理利用水的经验，因为我迁入了一个不可能任意选择泡茶用水的地方。

在这个海拔 7000 英尺（约 2100 米）的新墨西哥州北部山地上，我们的自来水有百万分之四百的总溶解浓度。如果你碰巧把这种水喷到玻璃上，上面就会附着一层白点。这种水根本不能泡茶！它必须经由反渗透膜使总溶解浓度降低到一个能接受的合适的程度，有的人说是 20—40。你应该敬佩茶，它努力找寻最好的水来结合。需要花些工夫，但想想这结合多么神圣，费工夫也是值得的。

有一次我做了三天斋戒，就是想为我的茶辨别出最合适的水。在斋戒的后期我的味觉和整个身体都变得异于平常的细致敏感。我发现最想喝的水和我的茶不合适。我过于在意水了，而忽视了整体，忽视了两者的结合。

我们生活的世界并不完美，这里的泉水不够纯净，还会受酸雨和像贾第鞭毛虫这样的寄生虫侵害。我们没有生活在中国，在那里我们可以用冲刷过茶叶、淹没过茶树根的水泡茶。最开始教我茶艺的一位老师使用的是被他称之为“经过水蒸气蒸馏和重新矿物质化的水”。这种水基本是他自创的。他把水用水蒸气蒸馏，然后倒进一些当地的泉水。

陆羽当然更喜欢山涧溪流的水或者泉水，但是陆羽不是中国唯一的茶艺大师。别的大师还会用雨水或者雪化成的水，它们基本上算是蒸馏水。

在乌克斯先生的《茶叶全书》中可以读到：“有些专家经常用蒸馏水进行测试。尽管用这种方法总是能发现茶的内在本质，它却无法引领品茶者去选择能真正与这种茶的销售地的水完美契合的茶。”如果我们要找的不是茶的内在本质，那是什么呢？

我听到人们把蒸馏水描述成平淡没生气的水。你的水龙头里流出来的水其实也是这样。没有必要一定去寻找什么灵魂让水更适用。如果你只有蒸馏水，烧开它。再次氧化能让它有点活力。

水蒸气蒸馏过的水缺氧严重就会腐蚀管道。它会夺去管道中所需的氧原子以求内在稳定。去离子水未经水蒸气蒸馏，因此缺氧不严重，喝起来也并非平淡无味。在商店的去离子水饮水机上我们总会读到这样的内容，说它便于冲泡茶叶。它对于在做自身清洁和处于斋戒期的人也是益处良多。尽管可能会清走我们体内的矿物质和营养成分，它还能排除我们体内的毒素。蒸馏水和去离子水的侵略天性在冲泡中被弱化抵消了。到了我们喝茶的时候，这些水已经失去了掠夺我们体内的矿物质和营养成分的能力。

我用的去离子水是我在本地散装水分销商那里买的五加仑的桶装水。它缺少矿物质的时候用它的掠夺能力来弥补。我不知道还有别的什么水能像它这样从茶叶中骗取茶最细微的差别。要我说就是，提炼过的水配精致的茶叶。

## 水合与脱水

有时候我只想喝水不想喝茶。当我留意到身体对水的渴求，然后喝上一两大杯，就能感到精神焕发。

关于水我有个不解，就是我们似乎永远喝不够。一旦我给一些大型的茶叶企业寄信，想要他们的产品信息包，那寄回的一大堆东西的最上面一般都是介绍如何脱水的小册子。

茶令人迷醉。一方面，它能滋润你。另一方面，由于含有三种利尿剂，它还能让你失水。在这个沙漠地带，我们十分关注流失的水。长期忽视身体对水的需求会引起很多问题，而脱水又发生在无形之中。它会引起血压降低，使我们头晕目眩。我的身体缺水时头就会疼，所以我都会记着补充喝茶时失去的水分。与其吃阿司匹林治头痛，我只需喝水。

茶里的水含量居多，我们也是。我们永远比我们自以为的更口渴。伸手想拿别的什么的时候，为什么不试着自我药物治疗呢?

八

# 杭州哈利烧烤酒吧

在杭州找了一天都没有找到能帮我翻译一些法律文件的人，我很恼火，去了哈利那里。

“给我双份的滇红再来杯普洱！”

“难熬的一天？”哈利问道。我无以应答，甚至没抬头看他一眼，他也消失了。

哈里回来的时候把一杯什么东西放到我面前说：“来，尝尝这个！”

“这是什么？”我问。

“一种唐代的茶！”他答道。

我惊喜万分。“你从哪里弄到的？”

“茶叶研究中心。”他微笑道。

“哦！”哈利有关系弄到这种茶，他不是那种衣冠楚楚自作聪明搞推销的人。

“有件怪事就是，茶商和他的茶通常很相似。”哈利说，“我记得有个人，夸夸其谈不切实际，后来发现他的茶恰如其人，无趣又丢人。”

“我比较感兴趣的是茶会说什么，而不是人会怎么说茶。”我说。

哈利点头。“如果一个商人没有一个经验老到的味觉，就别指望他能有多么精致的好茶。”

我想起从加利福尼亚州知名的茶叶公司订购的十件中国茶样品。当我将它们一一摆出来时，我立即意识到它们中没有一种具有完整的品质。后来我发现，这些茶是在被送到工厂之前从茶农那里买的，那些工厂会收取象征性的费用将茶叶制成成品！不能仅仅因为一个人是卖茶的，就想当然地把他当作权威人士或者行家。

随着酒吧客人渐渐增多，我转移到一个靠窗的椅子上，向外看到西湖。有三个引人注目的老者坐在水边的小桌旁。他们飘逸的长袍上有着宽大的袖子，他们将头发束成一个发髻盘在头顶，他们还有那能使人联想到唐代的长胡须，他们坐在那里饮茶。

第一位老者是个骇人的角色，严厉又威风。但是看得越久，就越觉得他和善且智慧。他具有我无法参透的深度和睿智。

第二位老者是三人中最活跃的，也是最健谈的。另外两人都在专心聆听，仿佛被他的话迷住了。他明显喝多了，喝的是茶是酒不得而知。

第三位老者为三人泡茶倒茶。可以看出另外二位对他的技术十分满意。观察了他好一阵，我也发现他并不像个寻常的喝茶人。

“哈利，那些人是谁？”我喊出声来，依然目不转睛地看着他们。就在哈利赶到之前，他们三位都消失在湖面上突然罩起的雾中。

当哈利走近我的桌子时，我一定看起来面如白纸。当你觉得自己见鬼了的时候，最有意思的就是，你自己看上去就像个鬼——苍白、扭曲，恍如来自那个世界。

“你还好吧？”哈利问。

“我还想再喝点那茶！”我听到自己说。

那晚我梦见了那三位老者。但这次他们分别在不同的地方出现，所以我能一一认出。他们分别是道教仙人——吕洞宾，中国著名诗人——李白，还有中国茶圣——陆羽。

**写给李白的诗**

我又为自己倒了一杯武夷包种茶，看冬季的渡鸦翱翔在深远山间的碧空中。土狼在我的茶的迷阵中徘徊进出，李白被召唤进了这个梦，身骑白鹿，赴上山巅。当我醒来，茶已凉透。

我有点期待见到

天界灵魂的嘴唇

亲吻我的茶面

掠过我头顶时

茶汤升起

我抬头凝视玻璃盖碗

为你献上我的第一次轻啄

龙云遮住月亮

我想到了李白

独酌无相亲

在遥远的林间某处空地

醉倒在北边树上

冷风吹过大地

冻住了你脸上的泪珠

那是孤独的泪

老朋友

让我们在大红袍的宝塔中见面

在炭火旁温暖双手

用这深沉的岩茶温暖我们的腹

也是原本属于李白的一部分

真的汇入了长江

正如故事讲述的

当他进入长江的时候

用月亮的办法

谁能告知我们

如果月光进入贝壳

珍珠就形成了

那么可能李白的一部分

就存于从江底发现的水晶之中

# 九

# 那晚被茶冲昏了头脑

“用你自己的能量！”茶说，“别用我的！”

我的一个朋友常说："饮茶的时刻是这个日渐疯狂的世界的一片文明绿洲。"但茶却难逃它自己的疯狂世界！你在漫漫人生路上，遇到一些人，你暗暗想："天啊，他喝得也太多了吧。"接着走下去，又见到一些人，你又暗暗想："天啊，他喝得不够。"

关于茶的书从不叙述咖啡因带给人们的麻烦，或者说乐趣，又或者说问题。这可能会成为一个很复杂又很私人的问题。

关于咖啡因负面影响的一个最诚恳的报告，当属费雪在为詹姆斯·诺伍德·普拉特《爱茶人的珍宝》

一书所写的导言里与我们共享的经历中。她描述了在和几个朋友一起喝了三个小时的茶以后，她就被笼罩在了深重醉人的“雾”中。她对此耿耿于怀，此后再也没敢喝过茶。有一点，她提到：“我喝过茶后如此亢奋，到底是因为是在愤怒与沮丧时喝的茶，还是因为里面有像咖啡因一样的物质？”费雪女士和我一样，对咖啡因极度敏感。

一旦你的身体机能在中毒反应中中止了，你将永生难忘。一旦过量的咖啡因向你接连袭来，就会打开一个潘多拉的魔盒，强烈的感情喷涌而出，你甚至都不知道自己感情这么丰富。就本人而言，我不是一般的易怒狂躁，所以我一天只喝一次茶！

我想我们都和费雪女士一样，都有摄入过量茶的经历，可以说，只得靠慢慢的呼吸来缓解，安全地度过。

我喝茶喝多了以后，从不会像别人那样用胡言乱语来形容彼时的感受。是喝多了，但没有喝醉。饮茶过量并不会像饮酒过量那样，降低或损害我的身体机能，反而能够加强。有些感受我们只能用形容醉酒的词汇来表达，但是茶所带来的另一种状态却是全然不同的。自己去体会吧！

茶作用于心理上，它通过转换我们的思维影响我们的心理活动。它还可以治疗精神疾病，因为它能改变我们的感觉、情绪和行为。它可以提升意识。“那是什么？”一个年轻人曾经这么问过女演员莉莉·汤普琳在“进行中的工作”。“女人做的事情！”她反驳道。

就像其他开阔意识的物质，茶增强了我们的意识，不光是最基本的意识。茶加深了我们对周围事物的认知。它将我们与精神世界分隔开的那层面纱变薄了，我们开始能够感觉到与一切生命的亲密关系。有的茶如果有两个或更多的人为它而聚在一起，它甚至会带着随从而来。随着技术的愈加成熟，科学也许能够发掘茶艺中更微妙的能量，以及它对我们的影响。

每种茶都是一种药方。这种茶治愈不了的，自有别的茶来治。甚至有的茶能够抵消别的茶带来的病症。茶还能治疗我们自己都不知道自己沾染上了的毛病。

我们都不把茶视作世界上最受欢迎的抗抑郁剂，但它确实是。茶和抗抑郁剂都在当今社会有着独一无二的地位。但茶却比药物安全多了。全无副作用，也不用在你不需要它的时候努力戒掉。

我曾经服用抗抑郁药物依地普仑达一年半，可戒掉它貌似需要一辈子。戒掉依地普伦之后要比先前服用它的时候还要抑郁。不得不说，这种药的确完成了它分内的职责。它在抑郁来袭时为我另辟蹊径。它绕过旧的神经元，创造出新的通道。比如，用药时，我允许自己沉入一个很深的前所未有的抑郁状态下。之所以陌生是因为它并非抑郁，而是悲伤。我一直把它当作抑郁是因为我没有刻意来思索它到底是什么。这是个重大发现。抑郁不再存在于我堕落的旅程中。它只是个前门。一旦我变得悲伤，我就可以和它游击，任由它撕裂我，与它同归于尽。但奇怪的是我不想同归于尽，一旦悲伤退却，我就会发现自己在一个宁静智慧的非凡之地，不愿离去。我可以进入被我忘却已久的身体中的任何一处，认知之处，信任之处。这是在骨盆，我身体的底部。被我召唤的灵魂回归栖息之处。

我想起了赖纳·马利亚·里尔克的一段话："也许我们生活中一切的恶龙都是公主们，她们只是等候着，美丽而勇敢地看一看我们。也许一切恐怖的事物在最深处是无助的，向我们求救……而那些现在对我们来说最陌生的将会变成我们最信任的以及对我们最忠诚的。"

茶总是将我带到灵魂最深处，但我也知道自己如何去那里。这很重要，因为一旦我们过多地依赖外界事物带我们去那里，我们就会被自己所羁绊。还好，茶不会是我们的绊脚石。

茶对于费雪女士是毒药，对于很多人都是如此。我一个朋友说根据咖啡因作用于身体产生的效果不同可以将人分为三类：一类人视咖啡因为毒药，一类人对咖啡因完全免疫，一类人视咖啡因为良药。

茶的初级治愈收效不能归功于咖啡因，但也根据你所讨论的治愈的类型而定。有作用于我们生理上的治愈，也有情绪上的和精神上的。我们现在会读到许多斋戒，但关于心理和情感上的斋戒提到的不多。“疾病”不单单指我们身体上的，还指我们心理上的（我们所感的），以及思想上的（我们所想的）。如果你在阴霾情绪的重压下苦苦挣扎，咖啡因就有能使你复活的力量。

在一杯茶里除了咖啡因，还有很多的化学反应和神奇事件在发生。有两种刺激物——茶碱和可可碱；一种迟缓剂——茶氨酸；还有所有的多元酚、儿茶酸、黄酮醇、类黄酮，等等。

科技领域对我们了解和认识茶作出了巨大贡献，但问题是科学过于关注茶的个体成分，而不是这些个体成分作为茶叶的一个整体时协同的合作。茶叶不仅仅是各个部件之和。《咖啡因世界》的作者写道：“咖啡因不仅能使人迷醉，更能为人带来愉悦感：常见的吸引感官的咖啡、茶和巧克力。”当然，部分感觉是这些物质诱人的味道。作者同时写道：“咖啡和茶含有这么多药理活性物质，无法将咖啡因的作用从那些其余的物质中孤立出来。”

提及咖啡因，有三个不容忽视的问题需要考虑：一、关于咖啡因的科学研究是不完整的，结果是待定的；二、每个人的个体构成有差异，所以对咖啡因的反应也因人而异（有人说和血型有直接关系）；三、我们又一次地过于关注咖啡因本身而不是它所在的相互关联相互作用的整体。

咖啡因刺激肾上腺素的分泌。我喝的茶越多，就会产生越多的肾上腺素，将我带到一种十分不适并且失控的"战或逃"的状态。

如果你已然处于这个状态了，任何含咖啡因的物质都会把你推向悬崖。或者，如果你很敏感，你只需观察它。当我不再喝茶以后咖啡因引发的头痛可能持续一天。如果我渐渐戒掉，我再也不头痛了。更具挑战性的当然是身心上的失意，那种使我们第一时间就想泡杯茶的失落感。

有人说喝茶上瘾。但是"上瘾"（addictive）这个词在当今社会有太多的贬义，我不确定能不能用它来形容茶。因而我不是要把茶当作一种诱人上瘾的物质，而更像是一种恩惠，一个朋友，帮我们变得更好更敏感。

陆羽就曾担忧我们会在茶里肆意放纵，因此他在《茶经》的前三页里两度提醒我们。他说，茶与人参含有的有害物质不同。因此我们对这些不利影响了解多少呢？我们知道食用过量的人参会引起高血压、失眠、腹泻和眩晕。我能给的最好的建议，恰恰是由中国的茶圣陆羽提出的："茶的精髓在于适度。"

如果你纠结于对茶的使用，或是担心会上瘾，那茶就真成了问题了。但是，使我们上瘾的不是它所含的物质，而是那种物质产生的状态。

即使在20世纪50年代茶的学名改为了"Camellia"，我们还是可以在一些地方发现它的原名"Thea"。它存在于茶的一些鲜为人知的刺激物，比如可可碱（神的食物）和茶碱（神的叶子）中，还存在于茶的弛缓剂——茶氨酸中，还有茶的整个科的学名山茶科中。

有充分的理由以女神希亚之名为茶冠名，但是正像人类学家马丽加·金芭塔丝在她的书里指出的那样，女神这个角色不只意味着爱与光明。她能给予生命，也能统辖死亡。“事物都呈现两面性。”《咖啡因的世界》的作者如是说。“展现了有毒物质和治疗物质。”换言之，我们中有些人无法承受这位女士最微小的撩拨，因为她有能力使我们苏醒，在我们不太期盼的那个地方苏醒。对于我们中更为精致的一些人，咖啡因可以是茶杯里的一场小小骚动。

我发现，我从喝茶中所学到的正和我从不喝茶中学到的一样多。如果我接连几个月都不停歇地喝茶，我的情绪就会很低落。过量饮茶会给肾上腺增加负担，还令我感到沮丧。一旦肾上腺负担过重，它们就开始利用内分泌系统里的其他的腺体，特别是甲状腺和脑垂体。如果你和我一样患有甲状腺功能减退，这就是个问题了。我的甲状腺会肿大，疼痛。肾上腺疲劳的另一个症状是难以保持清醒，不管你已经喝了多少茶。

如果我感到自己喝茶喝得过勤或者过量，我会歇一阵子——“戒茶”。“戒茶”的意思是说停上一两周，清空体内残余的咖啡因。我给我的身体休息的时间，让它能够自行恢复。如果在我感到失落时我有心再去喝杯茶，我就会问我自己，是什么样的失落感呢？这种失落感的基调和本质是什么呢？是不是仅仅因为我血糖低，需要吃点东西呢？我是不是脱水了需要喝点水？是不是甲状腺素过少或是内分泌负担过重引发的弛缓？如果是的话我就要“喂”我的甲状腺吃点含碘食物，比如藻类。

如果我饮茶过于频繁，有些酊剂和疗法对治疗咖啡因过量很有效。顺势疗法咖啡树疗法（是的，就是咖啡）可以帮助缓解失眠。顺势疗法洋甘菊疗法帮助缓解过敏。包括洋甘菊茶。调理品，西伯利亚人参（不同于受欢迎的高丽参）帮助身体维持平衡。氨基酸、茶氨酸不但含有茶里的放松药剂，还在一定程度上是咖啡因的解药。顺势疗法在缓解甲状腺压力时特别有效。甘草茶有益肾上腺的治疗。

我还发现顺势疗法源于茶，山茶属的植物给我带来了诸多安慰。它在极大程度上缓解了我的失眠和头痛，特别是咖啡因引起的头痛。在一些无节制的聚会时刻，也就是茶话会，它还能稳定我的情绪，通过缓解更具挑战性的过量摄入茶。从长远来看，它为我提供一种持续的平衡，给我平静和清晰的时刻，就像调理品一样。

然而你一定很难找到一种把山茶属植物当药方的顺势疗法，这是因为山茶属植物能治疗的症状并不是一起出现的。事实上，这些症状都是截然相反的，范围从欣快症、异常亢奋、神魂颠倒到攻击冲动、暴怒。茶能够使我们放松得无以复加，也能够刺激得我们难以承受。

这个范围的另一头更为麻烦：感觉上你能伤害什么人。相当极端，但却是真的。我经历过整个阶段，从喝一点点到很多很多！

顺势疗法医师警告患者禁食某些会抵消治疗的食物，比如大蒜、樟脑、薄荷、咖啡和大麻。一个治疗若要奏效就需要有个微妙的治疗频率，有人说这些药剂把我们的身体与这种频率分散了。当我们试图稳定治疗时，它们会引发体内一时的失衡。另一些顺势疗法医师说在咖啡的加工工序中产生一些化学物质，那就是元凶。一个医师甚至说，极端情绪化的状态会抵消治疗，需要二次用药。多年来我一直记得在等待一个顺势疗法奏效，但事实并非如此。茶才符合要求，巧克力也是。

几年来我读到一些文章，其中提到不同茶的咖啡因级别。有的人说基本相同，有的人说根据你放进去的茶叶的量以及你的冲泡时间。有人还声称白茶完全不含有咖啡因。个人认为，白茶、绿茶所含咖啡因最少，红茶最多，乌龙茶差不多居中。有时候我为自己冲泡白茶来抵消浓烈普洱带来的不良作用。从我的观点来说，不管我泡的茶多浓，它还是比咖啡含有的咖啡因要少，即使茶汤颜色和咖啡颜色一样重。对于大多数人，咖啡因是良性的。还好对于我们这些敏感的人，很快就知道自己喝得够多了没有。

咖啡因高度溶于水，所以给你的茶去咖啡因很容易。只需把你的茶叶或茶包浸泡在热水里 40 到 60 秒，倒掉第一泡，然后重新倒水再次浸泡。茶可能会失掉一些口味，但茶中 80% 的咖啡因都被脱除了。你用来脱咖啡因的水的温度，应和你用来泡茶的水温一致。

我不可能在一个晚上就想起所有的疗法，需要好几年。最初，我会整晚不睡，寻遍圣弗朗西斯科的群山，喝大量的水来冲洗我的身体系统，吃油腻的饭菜来吸收我体内的咖啡因，或许试图折返前还在格兰特的李白酒吧逗留过，但李白从未出现！

有一次我有幸参加在圣弗朗西斯科举办的一个为期五天的茶艺集会。每天十个小时，一共两天，我们要喝 40 到 60 杯不同的铁观音。在第二天的尾声，我的老师注意到我“有些不适”。我的脸色苍白，呼吸急促，几乎要休克。他冲出茶馆到街角的小卖部买回一大块巧克力曲奇。“快吃！”他命令道。结果立竿见影。我身体的极端状态立刻缓解。我又变回一个功能健全的人了。谢天谢地我的老师对我的症状很熟悉。他还知道我之前没怎么吃东西。不一定要把最好的东西往肚子里塞，但要提供一些东西让身体新陈代谢。

放纵不是我寻求的体验。我现在知道我的极限了。但是有时候为了“验证我的进步”，刻意地进入这种状态很有挑战性。将它们用作标尺，核实现状，当作治疗的工具。多数时候这种极端状态让我难受，破坏我的健康，需要数天才能恢复。

卢仝写了一首著名的关于茶的诗，诗中他描述了自己喝过七碗茶后的感受。结尾他写道："七碗吃不得也，唯觉两腋习习清风生。"

我体验过很多次茶代谢体内的气，它经过时清理封闭的经络。它有着和咖啡因不同的能量。还有一些别的东西。我的针灸医师说："茶提升了纯气，清除了潮热。茶有助于清理脉络。它帮助清除脉络中的阻隔，使得能量再次畅通无阻！"在王玲所著的《中国茶文化》中，作者写道："人的生命力建立在经络上，由茶帮助疏通。"有一晚我在讲座中提及了这一点。之后，一对年轻的夫妇找到我，问我茶是否能激发欲望。"还不知道能不能，"我说，"但有些茶能够刺激气在我们身体各处的运动，尤其是在有阻隔的地方。"

很多场合下，我都能感觉到微风拂过我长衫的袖子。我意识到那就是气，因为我体验过气从我的手掌心和我的脚底蒸发。感谢老天给我们的身体造了阀门，能在关键时刻释放压力。我想知道观音菩萨肉身能从普陀山岛的住所飞到天庭是不是因为在岛上喝了太多的茶！

如果你熟知如何运气，你就会选择咖啡因影响你的方式。你不一定要做它的受害者。你可以通过触地排毒。这意味着：一、要知道能量在你体内的什么地方；二、把这能力运到骨盆去。我经常停留在那里，直到紧张消失。你还能继续把气往下运到你的腿—膝盖—脚，最后到达地上，直接将咖啡因的作用赶出体外，你也能站稳。

你可以在喝茶时练习。你循着液体的温热进入你的腹部，感受这平静放松的效果。不去管它，你沉入自身。吸一口气进入你营造出的境界，就是这样。酝酿一个这样的“低层的密室”需要些时间，可是一旦你的能量和注意力到位了，你就开始注意到，当茶里的咖啡因进来，你的腹部首先觉醒，而不是头部。否则，饮过一杯茶或者一杯含咖啡因的其他什么饮品过后很容易就使大脑忙碌起来。我不喜欢匆忙的紧张的感觉，因为我非常容易分神。如果我的大脑承受得过多，我会魂不守舍。

有时我质疑喝茶的动机。我知道那会很有趣，我也从中获得了乐趣。我知道我们与茶就和与其他的人或物一样，可能会出现一些失调的关系。不要赋予茶它所不具备的魅力，或者是给予它比我们还要强大的力量，这很重要。茶会尽可能远地把我们带离我们原本的去处，但这不意味着它要代替我们生就的源头。茶是盟友，是帮助，不是依靠。

当你忙于转变你的灵魂，你其实是在转变一种魔法。有些神奇的茶可以触碰你的灵魂，用它们的洞察力帮助我们转变。道家有种本领能够将能量在体内各处转移，叫作“内丹术”，需要通过一种“围观轨道”的通道。这种法术始于肚脐底下，集中能量和精神（你的意识）直到你感到温暖，有刺痛感，然后你继续向下转移它们到身体的另一个更深更低的点。这个通道直通你的底部（骨盆），之后回升背部，越过头部，然后从体前落回肚脐，也就是循环开始的地方。根据你的指导老师的门系不同，练习可能略有变化。技术过硬的实践者们会酝酿储存他们的气。中国人给这个通道中的每个点都起了意味深长的名字——比如玉枕、俞府、神阙、气冲、白环俞、灵台、涌泉。这是一种循环往复，你可以称之为优美的撤离。用类似这样的技能改善我们的身体，使我们很容易就能循着一杯绿茶或一种思想体会到这种练习带来的效果。

让我们稍作休整，在这个微观轨道中我最喜欢的一处停留一下。在人体体内有一处，中国人和古希腊人都对它很敬畏。中国人称之为“命门”，通往生与死门廊的通道。古希腊人称作“可怕的骨头”，并且用这种骨头和它的灵魂的八个“洞”做祭祀。就是我们所说的骶骨。骶骨呈倒三角，是由五块骶椎合成的一块骨头，为骨盆的后壁。尾骨，由四块骶椎构成，上与骶骨相连。正是由于骶骨和尾骨的积极互动，道家将它们视为微观轨道的中心。

气正是从“一万米深的湖中”而来，在此处进入脊髓。性能量也是由此进入中枢神经系统，立起脊柱。我称之为骨盆底，或者睿智之躯。在拉丁语中，“pelvis”表示盆。换言之，我们可以说，在这个盆——这个容器的内底，有着盆腔的器官。

所以我们在这个“湖岸”，一个性功能汹涌的湖。不消说，很容易就分神。湖边的景色可以很迷人。昆达林尼能量（盘踞的大蛇或龙）静静潜伏（在湖中）在脊柱底部，直到特定的练习将它唤醒。

中国人相信这个湖是独一无二的，泉水从底下喷涌而出。在骶骨和尾骨之间的“骶骨阀门”，将气从湖中吸出，推送到脊椎。道家仙人吕洞宾，就与上升到通道的第一次能力运动有关。这个骶骨/尾骨的中心转变改善的不仅仅是性能量，还有我们通过双脚从大地吸取的延伸到我们背部的“大地能量”。这里真是繁忙之地。

人越接近大地，他就越接近自身的底部，也就越接近和谐。今天我们都喜欢住得高点，我们远离自己身体的底部，也就越容易感到害怕。当我们与大地交好，当我们唤醒她的睿智和在大地上众多植物的智慧，我们的对话始于此处，在这个让我们害怕的地方。我们参与到这个对话中来，不是通过我们的思维，而是通过我们的身体。

这就是当我想要排出咖啡因时我想要去的地方，这也是我想要接近自己的身体真理的时候我想要去的地方。回避到这样的地方，是一种自怜自哀。这是一种下落！落进龙的国度。龙可以很可怕。当我们在灵魂的水域中一次又一次地与它们擦肩而过，或是感觉到我们落进了一个灵魂的黑夜。我们一直下落，直到感到落在了最低点。之后我们意识到，还有很长的路要走。最终我们降落在我们自己的真理、智慧和信念的基岩上。龙就是智慧的携带者，但当我们快要被吞噬时，很容易就会忘记这一点。

当你看到中国艺术品中描绘的龙，它总是在把玩一个碟子或是球，还有人说是珍珠。这就是龙的本质。龙既是在守卫着这颗珍珠，又会把它作为礼物授予那些配得起的人。就好像龙守卫着我们心理阴暗面的大门。唯有与龙为友，与我们的阴暗面为友，才能得到那颗珍珠——至关重要的生命力。因此，我们看到观音站在龙背后的风起云涌的海面上，这位女士牵着一条龙，走下大道。与西方不同，中国人从不背叛龙。如果一个西方人学会了收起宝剑进入龙的内心，我想他会变得不一样。在过去残杀龙，西方人几乎消灭了自己的灵魂。

茶不是答案，但它能成为一种通向答案的方式。如果你首先不是自己的师父，那你什么也掌控不了。真正的茶艺大师知道你不需要用茶来接近你自己的神。茶的办法就是，长期以来——而不仅仅是在我们喝茶的时候——就一直培养着适当的品质、技巧和谦卑的态度。

# 十

# 待茶如友

我们可能会把茶带到我们自己的享乐之中，但她也许为我们准备了她的计划和安排。

有个故事讲的是一个人去南美探险，他跟着一个著名的巫师研习草药。他带着笔记本跟着巫师进入丛林，把巫师点到的每种植物的疗效成分都记下。但是很快他意识到，巫师不是这么利用这些植物的，而是召唤植物的守护神，植物中的精灵。他召唤某种植物来向他介绍如何最好地利用它去应对某种病症。在我们的文化中，草药师们为了得到某种营养物质而开某种药方，但是在巫师的国度，这里的人们坚信植物是有情众生，一株植物会向医生提“建议”。在苏格兰建立起霍恩生态村的人们便深谙此道。他们在恶劣的环境中种植蔬菜水果，获得了不可思议的成就，正是因为他们深知如何与天神的国度签下友好协约。

艾略特·寇万在《植物精神医学》中写道：“如果你真想独自使用一种植物，这种植物的精灵一定来你梦中找你。如果植物精灵告诉你要作何准备以及它能治疗什么，你就可以使用它了。否则，它不会起作用……在植物医学中只有一个可行的要素——友谊。”

与任何事物经营一段友谊都是一个相互的过程。如果一方不能像另一方一样为这段友谊施肥加料，那么终将一拍两散。双方都必须作出奉献。对茶亦是如此。

年轻时我并不知道自己会和一种植物结下不解之缘。但随着年纪的增长我渐渐了解到，不需要解释巫师的训练也可以表达出你对某种事物的爱慕和欣赏。《植物的秘密生活》这本书就证明说，植物不但有感觉，还是有情众生。这些我都忘却了。我越是和别人，尤其是和茶园主们分享我的“普洱显灵”经历，就有越多的人建议我再次去更深入地体验，摆出自己独有的爱慕和感恩的姿势。结果出乎意料。我获得的不只是一次显灵，而是很多次显灵。

一切都始于营造一个仪式的空间。这是个宁静平和的美的空间，既存在于我心中又存在于桌台上。正如之前说过的，营造这样的一个空间可以简单得像清理我的思绪一样只需花费一点时间。

之后，我邀请了茶，进入这个空间。我召唤了茶叶精灵、植物神明、物种灵魂。当我往煮锅中倒入水，我又对这水精灵说出了感谢的祷告。当我点着炉灶，我请求风精灵把火吹旺。我请求火精灵助我将水烧沸，之后我回来关注水精灵。向它们求助，来泡出一杯精彩绝伦的茶。等待水烧开的过程中，我默默感谢了所有辛勤工作帮我得到这些茶叶的人。我还要感谢土壤、雨露和太阳。我感谢中国，感谢茶。等待茶泡好的过程中，我将手高悬在杯上，倾注我的爱来祝福它们。茶泡好了，第一口敬我的老师和大地。而这一切都是为了什么？之前已经展示了。

有很多来自植物王国的盟友乐于与我们交好，给我们提供指导和支持。茶只是其中之一。它们是为整个星球运输智慧，因为隐藏在茶叶中的东西在生成的那一刻会被瞥到。正如一句伊斯兰古谚说的那样："秘密由它自己保守。"

茶对我的存在是极大的恩惠。"愉悦之杯"和"消除疲乏"一次又一次地鼓舞我的精神。

在我与睡眠呼吸中止症的斗争中，茶给了我极大的帮助。茶碱和可可碱，两者都有扩张支气管的作用，佐以咖啡因，帮助我呼吸得更深更透。

最深刻的治愈却最微妙。茶为我提供了一种积极的有创造力的饮品。它在多个方面激励我。我的每个爱好和兴趣都因茶而充满活力：健康和治愈，植物学和化学，神话、灵性和宗教，文学、诗歌、艺术和音乐。我总能从茶中学到些东西。她是天生的老师，我是天生的学生。

有时你带给茶什么她就是什么。这些年来茶给我的祥和与明晰都是对我倾注于她的爱慕和忠诚的回应。正如我之前说的，你两手空空地向她靠近，如何能期待她有所回应？她能感受到我们的意图。

品茶时最宝贵的时刻其实是在茶喝光之后，我独自静坐，感受着心扉开启，臣服于她讲述的诸多故事之中。正是在这些屈服的时刻，我才能想起我在宇宙中的位置。

除了为自己泡茶之外，有很多方法能拓宽你对茶的理解和感激。当你涉足茶园，用当地的水泡茶，在它故乡的山间与种植它的人们一起饮用，你和茶的关系就再也不一般了。一种亲密关系，一条纽带，发展出了一个原本不存在的地方，但是你哪都不用去。如果你想了解茶，去种茶吧。从还是一粒种子或者幼苗起，开始耕耘。在盆里，在你的院子里，看着它开花，结果。用你自己的茶叶泡茶，用你自己的茶花来进行巴氏花朵疗法。

你甚至可以沐浴其中，倒些水，淹没在一堆你最爱的茶里。

茶是“泽中有雷”，一种躁动的快乐的力量，无论我们是被激励着，在卧室的地板上舞动出我们的六十四卦还是在内心默默地欣喜。茶植根于大地，正如我们植根于这株古代的树，一棵来自中国中心的树，一棵来自地球中心的树，一棵以伟大的光明女神希亚之名命名的树！

我们浅酌这给予我们呼吸的灵丹妙药。她的发丝——茶叶，是我们的依托，从她的胸前我们得到智慧与生命。

在茶的智慧里。

茶里有巨大的智慧和洞察力。

# 十一

# 李大师

李刚睡着就醒来了，他的被褥都被浸湿了。他感到，甚至能听到，并且立刻意识到，有一阵微凉穿过他的毛孔。愉悦填充着他，之后是悲伤。“我还有一两个小时可活。”他想，还有时间喝茶。

李在前晚已经做过虔诚的沐浴了，一切传统需要的清洁和礼拜。所以现在，他从简陋的小床上坐起来，踱步到门廊，在一个老旧的木椅上坐下，闭上眼睛。他的生命所剩无几。

风吹拂过屋旁高大的杜鹃花树，吹拂过未知世界的点点光亮。他站起来，缓缓走出屋子，走向柴棚，在黎明前的这段时间里命数已定，拖鞋变得又冷又湿。

他四处翻找出了几个旧麻袋。“在这里！”他说。他双手伸进去拽出了一块黑色厚实的东西。那是五十多年前他年轻时精心制作的木炭。

李没有用传统方法制作，他不是个传统的人。他把儿时就认得的树制成了木炭，这树是他的图腾。这是他的家族守护的“智慧之树”之一。

他返回他的小屋，跪下把这块木炭放到地板中间的石头火盆里。还残留着前夜烧过的炭的温热和红光，他把旧的灰烬擦掉，把木炭放到热得发红的余烬中。需要过会儿点着，有的是时间把各种泡茶用的工具器具找过来，还有时间来祷告。

李大师向那棵为他提供根和枝来提取这块炭的茶树表达了谢意，他感谢这些根和枝奉献了自己生命的一部分。这棵树用它们的祝福滋润了木头作为他供养它们的回报，回馈了这个人一点点爱。

前晚，一个学生从六大茶山区给李大师带回了 5 加仑（约合 19 升）他梦寐以求的泉水，他很熟悉这种水，在溪中有一处，在水从地下冒出时都会流经它，在那里五行平衡相互补足。

他拧开了容器的盖子，一个大玻璃杯，把一把木勺伸到底部。

“高山流水，深入大地，多么神奇。水流到我们这里，维持我们的生命。感谢你，水！”

他舀出水，举到嘴边，深深喝下。感到凉凉的水进入自己口腔的那一刻，他回忆起了年轻时和这水有关的点点滴滴，水有着许多故事要讲，不仅是关于它自己的，还有关于被它包围的岩石的。在源头处，水被冰冷坚硬无情的花岗岩母亲驯服，但在下山的沿路它变得柔和，更加包容。它从它所经过的根系和土壤中，带走了矿物质和营养物质。就是在这里，李不止一次为他的学生泡茶。

正是这水冲刷了当地茶树的根系为它们提供养料，正是这水化作雨露润泽了大地。

他往石壶里灌满了这种水，把它放在炭火上。“我召唤风精灵为我将火烧旺，召唤火精灵助我将水煮沸，召唤水精灵为我泡出好茶。”

他跪在垫子上，从阴影中拽出一个小茶盘。上面盖着一张简易的黑色丝布。他沿着地板拖过这个茶盘直到将它置于自己和滚烫的水壶之间。他揭下丝布，出现了一把陶制茶壶，两只茶杯，还有一个装满茶叶的景泰蓝的茶罐，都被放在一个竹制茶盘上。他把茶罐放在他身边。

他要泡的茶是别人送给他祖父的礼物，家族中的每个成员只能使用一次。

房间的湿度变了。李知道，水已经就绪了。

他把茶壶的盖子拿掉放到一边。然后他熟练地举起沉重的石壶，往茶壶里倒满水，预热它。之后他放回石壶，鞠了一躬。

他把茶壶里的水全都倒进杯子里预热，又把杯子里的水全都倒进茶盘里。

他打开茶罐，放些茶叶在茶壶里。这是普洱茶。他用广式发音称呼它，向他的来自广州的老师致敬。它的普通话发音是“pu er”。

李再次举起石壶，把水倒在壶中的茶叶上。此处他再次舍弃了传统。出于对他的学生的诸多不满，李不会倒掉这第一次清洗用的水。他就是不信这一套！他去过西双版纳，见过普洱的制作，但是李有自己的风格。人们向他介绍来自六大茶山区的茶不需要冲洗。他告诉他的学生，他不愿意错过一丁点茶施与他的东西。

他祷告道："保佑这茶这水。希望这结合犹如天降。我召唤茶叶精灵、植物神明、物种灵魂，从你的沉睡中醒来吧，授予这水以大地的智慧。我将努力在我的心中造出一条容纳的通道来接受这智慧。"

他一直祈祷，直到茶泡好了，直到他感受到了内心的鼓动，然后轻轻地把茶倒进两只杯中。他以供奉的姿态举起一杯，献给他的老师——吕洞宾。当吕大师从精神世界走进他的小屋，接过他的杯子，李觉得整个房间的温度骤降。他还感觉到灵火在他的腹中摇曳。杯子从他手中被取去。他再次鞠躬。

李把第二杯茶举到嘴边。他能嗅到茶中陈旧的黑暗，他品尝它陈年的深度。他追随着这股热流流进他的身体，一会儿这温暖飘进他心中。

房间灯火通明，吕大师与他对坐，拂尘和宝剑都在腰间。

李就这样与世长辞了。

但是李的灵魂不是从头顶离开的，他的最后一口气从长袍的袖子里飘出。他衣服的褶皱似乎在一阵微风中，变了形状。

仙人吕洞宾站在那里，迎接他的朋友。

# 十二

# 一封邀请函

既然我不能为你泡茶，我邀请你为自己找到茶魂。选择你最喜欢的茶，为你自己烧水，预热你的茶壶，把茶之女神请来。当一切就绪，以下的诗歌将我带到喝茶时进入的那个繁华空间。

寻南溪常山道人隐居

刘长卿

一路经行处，莓苔见履痕。

白云依静渚，芳草闭闲门。

过雨看松色，随山到水源。

溪花与禅意，相对亦忘言。

听蜀僧濬弹琴

李白

蜀僧抱绿绮，西下峨眉峰。

为我一挥手，如听万壑松。

客心洗流水，余响入霜钟。

不觉碧山暮，秋云暗几重。

题破山寺后禅院

常建

清晨入古寺，初日照高林。

竹径通幽处，禅房花木深。

山光悦鸟性，潭影空人心。

万籁此俱寂，但余钟磬音。

# 致 谢

我的良师益友罗伊·冯，旧金山裕隆茶庄的老板，以他的睿智、教导和指引，还有他的茶艺不断充实着我的生命。罗伊，谢谢你！

唐纳德·沃利斯，美国茶道大师协会名誉会长，他的善良和慷慨充分体现了茶文化的精髓，同时在礼仪方面指引我步入正轨。

詹姆斯·诺伍德·普拉特，我的顾问、导师以及朋友，感谢他欢迎我加入这个行业，感谢他曾在俄罗斯山上、在中国同我一起饮茶品茗。

我的编辑艾达·戈登，感谢她用充满创意的构想完善了本书。

帕尔·德克斯特，茶道杂志的编辑，感谢她这些年的鼓励和支持。

史蒂芬·巴契勒，他曾代表约翰·布罗菲尔德访谈过韩国僧侣和一些茶道大师，感谢他为我提供这些访谈。

玛丽·爱丽丝·希格比，新墨西哥州阿尔伯克基圣詹姆斯茶屋的老板。感谢她带我领略了英式茶的绮丽与风范。

乔·辛格，来自位于马里兰的劳雷尔的乔希研究院，感谢他回答我所有关于植物学的问题。感谢他能在穿行于中国的乡间时，与我分享他的刺激经历和专业知识。

感谢台湾乌龙茶广场的碧翠丝·杨、薇薇安·蔡、刘艺晓（音），感谢你们向我介绍台湾乌龙茶，还有子能（音），感谢你介绍我与大家认识。

感谢尤拉莉亚·里根，来自马萨诸塞州的埃德加敦的葡萄园报的图书管理员。

我的茶艺姐妹马里亚纳·翠西，感谢她能听我分享诸多无与伦比的茶艺经历。

马里亚纳的丈夫麦迪逊·卡维恩四世，感谢他的艺术作品和书法。

同时感谢我的表亲李·墨菲的作品和情谊。

感谢马克·希森提，巧克力技工，给我提供法芙娜巧克力和据说是取自南美神树的一种黑巧克力。

感谢卡米尔·马西，在离开新墨西哥州格劳利埃塔偏远的野外时，为我提供帐篷、柴火和大量丙烷。

感谢乔·欧希尔，感谢他的慷慨大方。

我的妻子安娜，在每一个充满挑战的时刻，感谢她用她的高贵和美丽支持着我。

同时我还要感谢唐纳德·莱姆、路易斯·海特和大卫·莱利。

最后，向夏曼·阿舍尔出版社的吉姆·麦夫谢尔和思玛艺术馆的希尼·格林致谢。